SELFCARE NEXT LEVEL

Kara Pientka

SELFCARE NEXT LEVEL

7 Strategien für krisenfeste Führungskräfte

Mit Illustrationen von Almut Riebe

Campus Verlag
Frankfurt/New York

Hinweis: Auch wenn an manchen Stellen des Buchs zur Vereinfachung der Lesbarkeit die männliche Sprachform verwendet wird, sind selbstverständlich alle Geschlechter gemeint.

FSC www.fsc.org MIX Papier | Fördert gute Waldnutzung FSC® C089473

ISBN 978-3-593-51952-4 Print
ISBN 978-3-593-45898-4 E-Book (PDF)
ISBN 978-3-593-45897-7 E-Book (EPUB)

Umschlaggestaltung: zeichenpool, München
Illustrationen: Almut Riebe
Satz: DeinSatz Marburg UG | tn
Gesetzt aus: Minion Pro und Fira Sans
Druck und Bindung: Beltz Grafische Betriebe GmbH, Bad Langensalza
Beltz Grafische Betriebe ist ein Unternehmen mit finanziellem Klimabeitrag (ID 15985-2104-1001).
Printed in Germany

www.campus.de

Für alle, die sich jeden Tag aufs Neue mit vollem Einsatz engagieren und dabei nicht aus der Kurve fliegen wollen.

Inhalt

ANHANG

Einleitende Worte

Ein Buch zu schreiben, das sich an Führungskräfte richtet, ist vermutlich ein Wagnis. »Das liest doch keiner«, meinte ein Freund, »die haben doch keine Zeit, schon gar nicht zum Lesen! Und dann auch noch ein Buch über Selfcare, also Selbstfürsorge! Wendet sich da nicht jeder ab?«

Wagnisse mag ich. Und die Befürchtungen meines Freundes sind hinfällig, wenn Sie diese Zeilen lesen. Schön, dass Sie sich die Zeit nehmen! Ich schätze das sehr, denn ich weiß, dass Sie einen mehr als vollen Terminkalender haben. Ihr Alltag ist sicher davon geprägt, viele Bälle in der Luft zu halten, Projekte zu initiieren, diese zum Erfolg zu führen und vor allem *Menschen auf allen Ebenen mitzunehmen*. Das ist in Zeiten permanenten Wandels, gesellschaftlicher und globaler Unsicherheit keine leichte Aufgabe. Aber ich freue mich, dass Sie zu so viel Engagement und Einsatz bereit sind, in welcher Branche auch immer. Ich bezeichne mich selbst als Gern- und Vielleisterin. Ich mag es, zu arbeiten, Dinge voranzubringen und dabei mit den unterschiedlichsten Menschen zusammenzukommen. Ich fühle mich also mit Ihnen im selben Boot. Was war meine Motivation, dieses Buch zu schreiben? Seit 1997 arbeite ich mit Führungskräften aus den verschiedensten Branchen und kenne selbst Führungsarbeit sehr gut. Der Umgang mit Stress und Belastungen durch innere und äußere Konflikte war schon immer ein Thema in meinen Coachings. In den letzten zehn Jahren höre ich immer häufiger und mit größerer Ernsthaftigkeit, dass Führungskräfte an ihre Grenzen stoßen. Sie fühlen sich zunehmend überlastet oder einfach im Raum der Business-Untoten: *dem Funktions-Modus*. Hier sind sie nur noch zum Abarbeiten da und abends ist die To-do-Liste gefühlt länger als am Morgen. Manche entwickeln dann ein Unwohlsein, körperliche oder seelische Symptome oder mühen sich ohne einen Funken Lebensfreude durch den aufreibenden Alltag. Statistiken belegen, dass die Erkrankungsrate von Führungskräften im deutschsprachigen Raum seit Jahren steigt – und das, obwohl wir so viel über Selbstmanagementtechniken, Stress- und Regenerationsmechanismen wissen wie niemals zuvor. Wo können wir ansetzen?

Im ersten Teil dieses Buches zeige ich auf, warum es heutzutage nicht einfach ist, als Führungskraft gut auf sich selbst zu achten. Wenn Sie damit Schwierigkeiten haben, interessiert es Sie vielleicht, warum das so ist. Im zweiten Teil stelle ich Ihnen meine sieben Best-of-Next-Level-Selfcare-Strategien vor, die in mehr als 25 Jahren in der Begleitung von Führungskräften entstanden sind. Diese Impulse können Ihnen hoffentlich als Sprungbrett zu mehr nachhaltiger Arbeits- und Lebensqualität dienen. Dazu brauchen Sie keine drei Jahre Auszeit. Wenn Sie wollen, können Sie alle sieben Strategien sofort in Ihrem Alltag ausprobieren. Es war mir beim Schreiben sehr wichtig, dass ich nicht an Ihrer Lebenswirklichkeit vorbeischreibe. Das Buch ist für mich gelungen, wenn ich Sie damit erreiche. Nein, stopp. Es ist mir gelungen, wenn Sie sich erreichen!

Mir geht es allerdings nicht um kleinteilige Strategien, ob Sie Blaubeeren zum Frühstück essen, gerne saunieren oder Ihren Schlaf im Detail tracken. Mir geht es um etwas Grundlegenderes: Mir geht es um **Sie als Experte und Expertin Ihres Alltags**! Mir geht es um Sie als einzigartiges, fühlendes Lebewesen. Dieses Buch ist eine Einladung, sich trotz aller Verpflichtungen immer wieder für einen Moment selbst wahrzunehmen und ernst zu nehmen und Wege zu etablieren, mit sich selbst und seinem Energieniveau in gutem Kontakt zu bleiben. Wenn Sie das beherzigen, werden Sie sich nicht nur selbst besser fühlen, Sie werden auch einen besseren Job machen können, denn wer in der eigenen Mitte und Kraft ist, nimmt klarer wahr, kann zukunftsorientiert handeln und somit wirksamer entscheiden. Gönnen wir uns also einen guten Umgang mit uns selbst und unseren eigenen Kräften. So einfach ist es in der Theorie – und doch so anspruchsvoll in der Praxis. Gerade wir Führungskräfte haben so viele Anforderungen von außen, so viele Ansprüche von Stakeholdern, die bedient werden wollen, sodass wir selbst mit unseren eigenen Bedürfnissen schnell in den

Hintergrund treten. Und dann liegen diese wie zurückgelassene Handschuhe im Zug oder Bus und fahren heimatlos durch die Gegend. Für eine kurze Zeit wäre das auch kein Problem, aber die beschleunigte und komplexe Zeit birgt die Gefahr, dass die Ausnahme zur neuen Regel wird, und hier gilt es, sich persönlich zu behaupten. Es geht mir bei *Selfcare Next Level* also nicht darum, dass wir uns noch konsequenter zum Joggen, zum Abendessen mit Freunden oder zum Yoga aufraffen, es geht mir um die *Kunst der wohlwollenden Selbstbehauptung* in einer fordernden Umbruchszeit.

In diesem Buch tauchen immer wieder Begriffe auf, die nicht unbedingt zum allgemeinen Sprachgebrauch gehören. Wenn Sie beim Lesen über einen solchen Begriff stolpern und nicht mehr genau wissen, was er bedeutet, schauen Sie doch einfach in das Glossar am Ende des Buches. Dort werden alle Begriffe verständlich erklärt.

Viel Freude beim Lesen und Herausfinden Ihres ganz eigenen Weges.

TEIL I

Keine Zeit für Selfcare

Selbstfürsorge ist sehr wichtig! Ich komme nur leider nie dazu

Ausnahmslos alle Coachinggespräche zum Thema Selfcare und der Frage, ob es einem im Leben gut gehen darf, verliefen bisher gleich. »Darf es Ihnen gut gehen im Leben? Dürfen Sie auch an sich denken?« »Natürlich!!!«, »Auf jeden Fall!«, antworteten alle und taten dies in einem Brustton tiefer Überzeugung. Egal welche Generation, welches Geschlecht, welche Biografie, welche Herkunft. Über das *uneingeschränkte Recht auf das eigene Wohlergehen* scheint in der Theorie große Einigkeit zu herrschen. Das ist eine gute Basis.

Doch der Brustton der Überzeugung schwindet pfeilschnell, wenn es darum geht, ob und wie das eigene Wohlbefinden Platz findet. Die sonst so erfolgreichen, gestandenen Persönlichkeiten rutschen dann unsicher im Sessel hin und her, fangen an zu stammeln, wie als Schüler damals, wenn wir unsere Mütter überzeugen wollten, dass es heute nicht so wichtig sei, die Hausaufgaben zu machen, weil ja schließlich die Sonne scheine und es nichts Wichtigeres gebe, als rauszugehen. Wir sind uns des Selbstbetrugs auf unangenehme Weise bewusst. Wohlbefinden in der Theorie: ja. In der Praxis aber scheint es schwierig zu sein, und immer wieder höre ich das Argument: »Keine Zeit, zu viel zu tun. Ich nehme es mir immer wieder vor, aber es kommt immer etwas dazwischen. Leider.« Willkommen in der *Eigentlich-müsste-ich-mich-besser-um-mich-kümmern-Welt!*

Mind the Gap – Anspruch und Wirklichkeit

Mich hat es immer gereizt, solchen Phänomenen offensichtlicher Widersprüche zwischen Anspruch und Wirklichkeit auf die Spur zu kommen. Gerade bei Führungskräften, die man gemeinhin als leistungsfähig, umsetzungsstark, erfolgreich und kompetent beschreiben würde.

So verstand ich meine Tätigkeit als Führungskräftecoach, die ich seit Ende der 1990er Jahre ausübe, zunehmend auch als Beobachterin und Erforscherin dieses Phänomens. Mich reizte die Frage: Wie entsteht der Gap zwischen unserem klaren Anspruch auf Wohlbefinden und der bitteren Realität der Erschöpfung?[1]

Aus meiner Coachingpraxis

Ellen saß zusammengesunken vor mir. »Ich gebe mir wirklich große Mühe. Jeden Tag versuche ich, mein Bestes zu geben. Wir sind in einer ständigen Transformation. Die Pläne von gestern halten dem Alltag von heute nicht mehr stand. Ich merke, dass ich an meine Grenzen stoße, und möchte etwas tun, bevor ich aus der Kurve getragen werde.« »Wobei kann ich Sie unterstützen?« »Mhm, ich möchte besser auf mich achten. Ich verliere immer mehr an Kraft. Ich weiß, dass ich mehr Sport treiben müsste, um fit zu bleiben, aber ich schaffe es einfach nicht. Morgens muss ich die Kinder koordinieren und abends bin ich ehrlich gesagt oft einfach nur kaputt. Dann schlafe ich auch nicht mehr so gut, weil mir tausend Dinge durch den Kopf gehen.« »Gab es einen besonderen Anlass, der Sie zu mir geführt hat?« »Ja, ich hatte in diesem Jahr die vierte Erkältung und ich hatte schon immer mit Kopfschmerzen zu kämpfen, aber auch die sind jetzt fast tägliche Begleiter. Ich möchte mich wieder gut fühlen. Ich will wieder fit sein!«

Theoretisch darf es mir gut gehen – in der Praxis habe ich dafür keine Zeit!

Als ich vor über fünfundzwanzig Jahren mit meiner Arbeit begann, kamen solche Gespräche nicht vor. Führungskräfte formulierten Stress- und Konfliktthemen, allerdings ohne den Aspekt der persönlichen Erschöpfung. Seit etwa zehn Jahren nimmt dieses Thema »am Rande der Kraft« überproportional zu. Spätestens seit der Pandemie begegnet mir das Thema in fast jedem Gespräch. Was ist los? Warum geht vielen von uns die Kraft aus? Und was kann dagegen getan werden?

Der Arbeitsalltag als Schleudergang

Ellen beschrieb ihren Führungsalltag mit dem Bild eines Waschmaschinenprogramms. »Das Problem ist, dass ich selbst in der Waschmaschine sitze. Morgens startet das Programm, ich werde gewaschen, gespült und geschleudert. Wenn ich gerade wieder zu mir komme, beginnt der nächste Waschgang. Irgendwann am Abend werde ich dann von der Maschine ausgespuckt.« »Haben Sie eigentlich einen Plan für Ihren Tag?« »Ich habe eigentlich einen Plan für den Tag. Die To-do-Liste und die Besprechungspläne sind gemacht, aber jeder Tag verläuft anders als geplant.« »Sie wirken in Ihrer Rolle nicht führend, sondern eher hinterherlaufend«, bemerkte ich. »Ja, ich habe immer öfter den Eindruck, meiner Agenda hinterherzulaufen und niemals mehr fertig zu werden.«

Tatsächlich berichten mir fast alle Führungskräfte von diesen Fliehkräften, die ihre täglichen Pläne untergraben. Die Unterströmungen sind sehr stark und die Führungskräfte müssen darauf reagieren. Alles ist durchgeplant und dann beginnt der Arbeitstag mit Krankmeldungen, überraschenden Kündigungen, Projektkrisen oder eskalierenden Konflikten. Vielleicht gibt es auch politische, mediale oder gesellschaftliche Krisen, die das eigene Unternehmen betreffen, oder wichtige Kunden verlangen Anpassungen an bisher etablierten Prozessen. In jedem Fall soll die Führungskraft allen und allem gerecht werden und dabei natürlich die eigenen Tagesziele verfolgen. Natürlich darf man nicht alle Führungskräfte über einen Kamm scheren. Aber sie stehen überall vor der Herausforderung, den Spagat zwischen den Ansprüchen aller Stakeholder so hinzubekommen, dass sie die Anforderungen bestmöglich erfüllen, ohne selbst unter die Räder kommen. Ein anderer Klient von mir sagte einmal, er fühle sich mittlerweile wie ein Hamsterrad-Park-Direktor. »Was meinen Sie damit?« »Ein Hamsterrad-Park-Direktor hat einen großen Fuhrpark von Hamsterrädern, die alle miteinander verzahnt sind. Als Direktor bin ich dafür verantwortlich, dass alle Hamster in ihren Rädern möglichst effizient laufen. Dabei laufe ich so viel zwischen den Rädern hin und her, schraube hier, schraube da, motiviere, besänftige und rase rum, dass ich die Laufleistung eines normalen Hamsters bei Weitem übertreffe und eigentlich keine reelle Chance habe, alles zu koordinieren.« Das hat mich nachdenklich gemacht. Könnte es sein, dass sich nicht wenige Führungskräfte so fühlen? Kann es sein, dass das kein gutes Ende nimmt sowohl für die Führungskraft selbst als auch für die Produktivität der Systeme? Denn wenn die Führungskraft täglich permanent über ihre Grenzen gehen muss, kippt das System früher oder später.

Im Diskurs darüber, wie Führungskräfte selbst die anstehenden Transformationen vorantreiben sollen, werden wir nicht müde zu betonen, dass heute menschliche Führung die rein sachliche Führung ablösen muss. Aber bedeutet das nicht auch, dass Führungskräfte für sich in Anspruch nehmen dürfen und müssen, Menschen und nicht Roboter zu sein? Oder sollen Führungskräfte weiterhin als unendlich belastbare Maschinen funktionieren, die erst in der kommunikativen Begegnung mit Mitarbeitenden oder Kunden den Schalter zum sensiblen und empathischen Menschen umlegen? Eine Mensch-Maschine-Flexibilität überfordert jede Führungskraft. Wir können unser Menschsein nicht vortäuschen, wir können es nur abspalten. Wir stehen wohl vor einem tiefgreifenden Wandel unseres Selbstverständnisses als Führungskräfte. »Wer nicht in die Welt zu passen scheint, der ist immer nahe dran, sich selbst zu finden«, schrieb Hermann Hesse. Nur wer sich selbst transformiert, kann auch die anstehenden organisationalen und kulturellen Rahmenbedingungen verändern. Fangen wir also an, uns selbst wahrzunehmen und ernst zu nehmen.

Führungskräfte sind auch nur Menschen. Ist das schlimm? Nein, es könnte die Lösung sein!

Muss das so groß aufgehängt werden, reicht es nicht, wenn sich die Führungskräfte etwas zusammenreißen oder einmal im Jahr eine Ayurveda-Kur machen? Nein. Es hat sich ein Leiden entwickelt, über das es sich lohnt, öffentlich zu sprechen. Viele Führungspositionen können nicht mehr besetzt werden, weil sich niemand mehr dafür findet. Der Diskurs müsste mehr bieten als eine Studie, die nur einmal mehr bestätigt, wie gestresst Führungskräfte sind. Vielleicht haben sie sich selbst zu lange für unendlich belastbar gehalten? Vielleicht hat das Manager-Bashing der letzten Jahrzehnte Spuren hinterlassen? Bei Kindern wissen wir mittlerweile, was ausschließlich kritische Rückmeldung mit dem Selbstbewusstsein macht. Welche Führungskraft findet es attraktiv, die meiste Arbeit, die meiste Verantwortung zu tragen, um am Ende trotzdem ein »Ungenügend« oder »Mangelhaft« zu erhalten?

Ein Umdenken ist dringend erforderlich, wenn wir unsere Wirtschaft und die in ihr tätigen Führungskräfte auch in Zukunft produktiv und gesund am Laufen halten wollen. Sind Führungskräfte auch nur Menschen? Wäre das eine gute oder eine schlechte Nachricht?

Wenn Sie also nicht nur in Ihrem operativen Arbeitsleben, sondern auch mit Ihren emotionalen Anforderungen zu kämpfen haben, sind Sie nicht allein. Im Gegenteil: Sie befinden sich in bester Gesellschaft. Und deshalb ist Selbstfürsorge nicht nur ein individuelles, sondern auch ein organisationales Thema. Wir sind als Individuen immer nur Teil eines Systems, und ein System, insbesondere wenn es sich um ein etabliertes Effizienzsystem handelt, hat seine Regeln. Ab und an nach den Regeln anderer zu spielen, gefährdet niemanden, kann sogar entlastend sein, aber ausschließlich fremdbestimmt zu handeln, bringt Menschen in Aufruhr und manchmal auch aus der seelischen Mitte.

Ich habe reibungslos zu funktionieren

Kommen wir zurück zu Ellen, der Führungskraft. Bemerkenswert war die *Art und Weise, wie* sie über sich selbst und insbesondere über ihren Körper sprach. »So *nervig*, dass ich immer und immer wieder krank werde. Schon der vierte Infekt in einem Winter.« Über ihre Infekte sprach sie genauso genervt wie über technische Probleme bei Videokonferenzen. »Mein Körper versagt einfach. Auf ihn ist kein Verlass mehr. Ob das am Alter liegt?« Ellen griff sich bei diesen Worten in den Nacken, wo die Kopfschmerzen meist begannen. »Klingt, als hätten Sie den Anspruch, wie eine Maschine zu funktionieren?« Ellen stockte der Atem. »Ja. Ich ertrage es nicht, krank zu sein oder Schmerzen zu haben. Ist das nicht normal?« »Dass Sie nicht gerne Schmerzen haben, kann ich gut verstehen«, antwortete ich. »Mir fällt nur auf, mit welcher Strenge Sie über Ihre Infekte oder Ihre Kopfschmerzen sprechen.« Ellen schaute nachdenklich. »Es klingt nicht gerade nach einem liebevollen Umgang mit sich selbst. Es ist immerhin Ihr Körper. Ihr Körper …

das sind Sie selbst und nicht ein böser Dritter, oder?« Ellen wirkte betroffen. »Wenn mein Kind krank ist oder mein Partner … wäre ich nie so böse oder herablassend. Aber ich erwarte von mir selbst, dass ich nie ausfalle, sondern dass ich immer reibungslos funktioniere.« In den folgenden Sitzungen reflektierten wir ihren Umgang mit sich selbst und ihren körperlichen und seelischen Signalen. Wie sah sie sich selbst und ihre berufliche und private Verantwortung? Was dachte sie über ihren Körper und ihre Seele und deren Bedürfnisse? Es gab zwei Antworten: die Feiertags-Antwort und die Alltags-Antwort. In der Feiertags-Antwort waren Körper und Seele wichtige Partner, die es zu ehren und zu pflegen galt. In der Alltags-Antwort waren sie lediglich den Pflichten unterworfen. Sie hatten ihre Arbeit zu machen, still zu sein, weder Bedürfnisse zu zeigen, noch Ärger zu machen in Form von Schmerzen.

In gutem oder schlechtem Kontakt mit sich selbst

Im Coaching stellen wir gerne die Frage, wann es eine Zeit gab, in der alles anders gewesen war. Ellen musste nicht lange überlegen. Während ihres Studiums und auch in den ersten Berufsjahren habe sie ein aktives, abwechslungsreiches und erfülltes Leben geführt. Sie sei viel in der Welt herumgekommen, sei eine selbstständige junge Frau gewesen, habe in dieser Zeit viel Sport gemacht, viele inspirierende Kontakte gehabt und sich in ihrem Körper sehr wohl gefühlt. Bei der Berufswahl war sie ihrem intrinsischen Interesse gefolgt und arbeitete engagiert und hoch motiviert. »Wenn ich damals Kopfschmerzen hatte, wusste ich, dass ich es übertrieben hatte, dann habe ich mich ausgeruht und am nächsten Tag war es wieder gut.« »In dieser Zeit waren Sie mit sich selbst in Kontakt und Sie haben Ihre Interessen verfolgt. Sie hatten viel Selbstbestimmung und Zeitautonomie.« Ellen wurde nachdenklich. »Genau das Gegenteil von heute.« Meistens wissen wir genau, was uns guttut. Und *ein Leben zu führen*, in dem *wir wirklich vorkommen*, gelingt uns in Phasen großer Kraft, Wirksamkeit und großen Wohlbefindens auch sehr gut. In an-

Mein Körper hat einfach zu funktionieren! Sonst bin ich genervt!

deren Phasen laufen wir Gefahr, uns von uns selbst zu trennen, was nicht bewusst geschieht, sondern oft als schleichender Prozess der zunehmenden Entfremdung von uns selbst, etwa durch anspruchsvolle berufliche Positionen mit vielen Stakeholdern. Gerne auch kombiniert mit Familienverantwortung, sei es die Erziehung von Kindern oder auch die Betreuung alternder Eltern. In berufliche Führungspositionen kommen wir als ambitionierte Gern- und Vielleister. Doch gerade in komplexen und volatilen Zeiten kann es leicht passieren, dass die Anforderungen von außen so groß werden, dass wir aus der Balance geraten und uns *dis-connecten*, uns von uns selbst entfernen. Wir perfektionieren uns darin, die äußeren Bedürfnisse zu erfüllen, und dabei vernachlässigen wir den Kontakt zu uns selbst: Dis-Connect. Kein Anschluss mehr unter dieser Nummer.

Abb. 1: Im Funktions-Modus trennen wir uns von uns selbst ab (Dis-Connect).

Von Superhelden und Superkräften

Wenn wir von uns selbst getrennt sind, neigen wir zu einem verzerrten Selbstbild. Wir sind nicht mehr mit unserer menschlichen Natur verbunden und das führt dazu, dass wir uns mit einem Selbstbild identifizieren, das ich als Superheld oder Superheldin bezeichne: Sie oder er hat alles im Griff, kennt keine Grenzen und verfügt über Superkräfte. Diese können eingesetzt werden, um das Unternehmen zu verändern, alle Bedürfnisse der Mitarbeitende zu erfüllen, die Welt zu retten, kurzum *jedes externe Bedürfnis* zu erfüllen. »Ich denke immer, dass ich ein Supermann bin, und fühle mich oft sehr überlegen, wenn ich mich mit anderen vergleiche!« So drückte es einmal einer meiner Klienten aus. Erst durch einen nicht enden wollenden körperlichen Schmerz wurde der Unternehmer damals aus seinem Autopiloten gerissen, um für sich einen Wandel einzuleiten: *Vom falsch verstandenen Superhelden zum empfindsamen und selbstwirksamen Menschen.* Einen Wandel, von dem er im Nachhinein sagt, es sei der Beginn seines wahren Lebens gewesen. Es stellt sich die Frage, warum wir Menschen bereit sind, uns mit der Idee des Superhelden zu überfordern. Eine Triebfeder könnte unser Wunsch nach Wertschätzung und sozialer Anerkennung sein. Ich bin mir nicht sicher, ob man tiefenpsychologisch bohren muss. Ein Schaffensrausch kann auch berauschen wie ein Cocktail von intrinsischer Motivation, hohem Tempo, Energie und Wirksamkeit. Zusätzlich erhalten wir im Schaffensrausch dann auch noch viel positive Resonanz, was dazu verführt, den Rausch lange unüberprüft fortzuführen.

Die Antennen nach außen werden perfektioniert, die nach innen abgeschaltet

Es ist hilfreich zu verstehen, dass bei diesem Vorgang innere und äußere Systeme ineinandergreifen. Wir geneigten Superhelden richten unsere Antennen immer raffinierter nach außen aus, um noch bessere und effizientere Bedürfniserfüller zu sein, und kappen den Kontakt zu uns selbst. Dies geschieht nicht bewusst und geplant, sondern ist ein Prozess aus seelischen, geistigen und körperlichen Aspekten. Der Superheld bleibt sich treu, wenn er körperliche Beschwerden auf die leichte Schulter nimmt oder sie perfekt ignoriert. Der Erfolg solcher Strategien fügt sich gut in unser Selbstverständnis vom gren-

Als Superheld bin ich grenzenlos belastbar und ich schaffe alles! Ein verführerischer Gedanke …

zenlos Machbaren ein. Die eigenen Bedürfnisse nach Essen und Trinken, nach Pausen, nach Schlaf oder anderen Kraftquellen werden wie abgeschnitten, weil diese Zeit zunehmend fehlt und sonst unangenehme Konflikte entstehen würden. Es ist energiesparend und sogar willkommen, diese Bedürfnisse nicht mehr wahrzunehmen. Wir haben also subjektiv betrachtet Vorteile, unseren Dis-Connect bestehen zu lassen.

Das gefährliche Leben als Superheld oder Superheldin im Business

Die unterbrochene Verbindung zu uns selbst bleibt aber nicht ohne schwerwiegende Folgen. Auf körperlicher Ebene kommt es zu einer Störung der Interozeption. Darunter versteht man die Wahrnehmung körpereigener Signale wie Muskelspannung, Hunger, Durst oder auch Herzschlag und Körpertemperatur. In der Forschung geht man davon aus, dass die Interozeption die Voraussetzung für unser emotionales Empfinden und die richtige Zuordnung unserer Gefühlszustände ist. Ein Superheld fliegt also durch den Businesskosmos ohne eigene emotionale Navigation.

Abb. 2: Interozeption ist die Fähigkeit, Signale aus dem Körperinneren wahrzunehmen. Sie spielt auch eine wichtige Rolle bei der Einordnung von Emotionen.

Das Phänomen des Dis-Connect ist der Grund, warum Menschen über lange Zeit gesundheitsschädlich mit sich umgehen, ohne es direkt zu spüren. Die innere Navigation ist ausgeschaltet. Es kommt erst zeitversetzt zu einem für den Menschen nicht mehr zu leugnenden Schaden, häufig auf den ersten Blick als unvorhersehbarer »Paukenschlag«. Bei genauerem Hinsehen gibt es aber eine nicht unerhebliche Vorgeschichte der Überidentifizierung mit äußeren Ansprüchen.

Menschen in der Uniform des Funktionierens

Hält die fatale Identifikation als Superheld über einen längeren Zeitraum an, verändern sich unser Auftreten und unsere Ausstrahlung. Wir wirken und agieren zunehmend hart oder verkrampft. Es ist, als zögen wir uns eine innere *Uniform des selbst auferlegten Funktionierens* an. Wir geben uns selbst herrschsüchtig Befehle und empfangen sie gleichzeitig, wir werden nach innen und nach außen unnachgiebig. Aufbrausende Selbstabwertung (»Das hätte ich jetzt wirklich schneller machen sollen, ich Idiot«) oder die Abwertung anderer Menschen nimmt zu. Darunter fällt auch Ellens strenger Umgang mit ihren körperlichen Symptomen. Einen Außenstehenden beschleicht ein beklemmendes Gefühl, wenn ein Mensch in einer solchen Uniform des Funktionierens gefangen ist, dass dieser Mensch gerade eine peinigende Art von innerer Unfreiheit erlebt. Wir sollten jedoch vermeiden, einen anderen Menschen damit ungefragt zu konfrontieren, sondern uns selbst für das Thema sensibilisieren. *Kein Coaching ohne Auftrag*, heißt es unter Coaches, und das bewahrt uns davor, uns ungefragt in die Angelegenheiten anderer einzumischen. Denn der Mensch, der sich in der Uniform des Funktionierens befindet, hat nicht plötzlich einen schlechten Charakter bekommen, er ist nur unbewusst in eine Strategie der Kompensation gerutscht, die ihm das subjektive Überleben im bestehenden System ermöglicht. Es ist ein *Notprogramm,* das, wie andere Stressmuster auch, einer Überprüfung durch die Vernunft nicht standhalten würde. Angesichts ständig steigender Anforderungen gilt es, irgendwo Energie zu sparen. Aufgaben abzugeben, ist für den Superhelden gemäß seinem Selbstbild keine Option. Also bleibt nur, die Aufmerksamkeit nach innen abzuschalten. Neben der Interozeption schwindet auch die Impathie, einfach ausgedrückt, Empathie mit sich selbst oder introversive Empathie. Impathie gilt als Voraussetzung für Selbstmitgefühl.[2] Die Begründerin des Impathie-Konzepts Dr. Stefanie Neubrand beobachtete eher zufällig in einer Patientengruppe in einer Klinik, dass die Menschen mit den Peers in Resonanz gehen konnten, weil es ihnen leichtfiel, empathisch zu sein. Wenn es aber darum ging, über die eigenen Gefühle und Wahrnehmungen zu sprechen, taten sich ausnahmslos alle schwer.

Empathie: Ich nehme die Gefühle, die Situation des anderen wahr und verstehe diese.

Impathie: Ich nehme mich, meine Gefühle, meine Situation wahr und verstehe sie.

Ohne Zugang zu den eigenen Körperempfindungen und Gefühlen spüren wir unsere eigene Qualität nicht mehr und wir können uns nur noch an der Anerkennung von außen orientieren. Alles ist gut, wenn wir Applaus bekommen. Bleibt er aus, tun wir alles, um ihn zu bekommen. So werden wir immer abhängiger von den Meinungen und Stimmungen anderer. Hier entsteht ein Teufelskreis, denn Veränderung bringt immer auch Verunsicherung mit sich. Mit dieser Gemengelage vor Augen kann ein beiläufiges »Ich tue jetzt mal was für mich« nicht ausreichen. Im Zirkus wären wir Superhelden, Weltklasse-Jongleure, die unter tosendem Applaus viele Bälle gleichzeitig durch die Luft wirbeln. Und jetzt sagen Sie bitte einem dieser Artisten mitten in der Nummer –, er solle auch mal an sich denken und sich um sich selbst kümmern. Er würde schnell merken: Der zusätzliche Ball der Selbstfürsorge passt nicht so richtig in seine Nummer, weil er schon an der Grenze des Machbaren agiert. Selbstfürsorge ist theoretisch eine großartige Idee, aber leider passt sie nicht in sein Leben. Wie viele Bälle oder Projekte halten Sie aktuell in der Luft?

Abb. 3: Es ist möglich und auch reizvoll, viele Bälle und Aufgaben auf einmal zu jonglieren – aber es gibt auch Grenzen!

Selbstreflexion

Im Folgenden finden Sie typische Aussagen ambitionierter Hochleistungsjongleure. Erkennen Sie sich wieder?

- »Im Moment (seit Monaten oder Jahren) geht es nicht ... aber bald ist die anstrengende Phase vorbei.«
- »Im Moment brauchen mich ... meine Kinder, meine Kolleginnen, mein Team, mein Partner, meine Eltern ... Ich darf auf keinen Fall ausfallen!«

- »Mein Job ist jeden Tag ein spannender Drahtseilakt.«
- »Wenn mein Kind in der weiterführenden Schule ist, wenn der Veränderungsprozess abgeschlossen ist, wenn die Scheidung hinter mir liegt ... dann kümmere ich mich wieder um mich.«

Die Stille der Metamorphose

Nicht unerwähnt lassen möchte ich meine Beobachtung, dass die Entwicklung vom sympathischen Problemlöser zum Superhelden nicht immer leicht zu erkennen ist. Es gibt Menschen, die irgendwann auf den Tisch hauen und sehr streng werden. Ich habe aber auch sehr viele Menschen erlebt, die eher durch ihr Charisma auffallen, durch Höflichkeit, Charme und sozial angepasstes Agieren. *Selbstausbeutung und Superheldentum haben viele Gesichter.* Allen gemeinsam ist, dass die Verbindung nach innen zugunsten der Erfüllung nach außen unterbrochen wird. Dieser Prozess vollzieht sich ohne Tamtam und auch »*freiwillig*«. Zudem bedient diese Metamorphose viele Vorstellungen unserer Hochleistungsgesellschaft und wird daher oft nicht als Problem erkannt. Es ist Zeit, wachsam zu werden, am besten jede und jeder gegenüber sich selbst. Die alarmierenden Statistiken über die Zunahme nicht nur psychischer Erkrankungen bei Führungskräften sind ein Hinweis darauf, dass sich viel ändern darf und muss. Führungskräfte sind ein wichtiger Hebel unseres Wohlstands. Wenn Sie als Führungskraft nicht kraftvoll wirken und arbeiten können, birgt das branchenübergreifend große Risiken. Fangen Sie also an, das Thema Ihres Wohlbefindens ernst zu nehmen. Superhelden-Energie ist nicht nachhaltig. Es gibt gute Alternativen, die ich in sieben Strategien zusammengefasst habe. Ellen verabschiedete sich von ihrer Identifikation als Superheldin. Heute arbeitet sie immer noch intensiv, aber sie verschwendet keine Energie mehr damit, als Superheldin aufzutreten. Sie ist in der Lage, Aufgaben zu dele-

Selfcare Next Level bedeutet nicht zwangsläufig, weniger zu arbeiten, es bedeutet, anders *zu arbeiten!*

gieren und Nein zu sagen, wenn es angebracht ist. Ihr Körper ist jetzt ihr bester Coach, wie sie sagt. Wenn ihr Körper spricht, hört sie gut zu.

Bei Selfcare Next Level geht es aber nicht immer nur darum, weniger zu arbeiten. Oft begleite ich Menschen dabei, *mehr* Verantwortung zu übernehmen, interessantere und herausforderndere Aufgaben anzugehen. Denn ein Dis-Connect kann auch dazu führen, dass die eigenen Erfolgs- und Karrierebedürfnisse nicht mehr wahrgenommen werden – ein Phänomen, das ich bei vielen Müttern immer wieder beobachten konnte. Der berufliche Ehrgeiz gerät vollkommen aus dem Blick, weil man nur noch damit beschäftigt ist, die Bedürfnisse der Familienmitglieder zu bedienen. Viel zu oft wird die Meinung vertreten, Selbstfürsorge sei vor allem eine Frage von weniger Arbeit. Nein, es kann auch sein, dass man, wenn man wieder in Kontakt mit sich selbst ist, auch wieder mehr und ambitionierter arbeiten will – auf jeden Fall anders. Ich freue mich über jeden mutigen Menschen, der seine Arbeitsweise und sein Selbst- und Führungsverständnis einer kritischen Prüfung unterzieht. Ein Innehalten und eine tiefere Auseinandersetzung mit sich selbst lohnen sich besonders, wenn es darum geht, sich und sein Arbeitsleben auf ein anderes Gleis zu setzen. Die 7 Selfcare-Next-Level-Strategien sollen Ihnen Impulse dafür geben, wieder in guten Kontakt mit sich selbst zu kommen und ein Arbeitsleben zu etablieren, in dem Sie sich energetisch, wirksam und lebendig fühlen.

Fragen zur Selbstreflexion

- Wie steht es um mein Wohlbefinden im Kontext meiner Arbeit? Wie hoch ist mein persönliches Wohlbefinden im Arbeitskontext auf einer Skala von 1 bis 10? (1 = sehr niedrig – 10 = sehr groß)
- Woraus schöpfe ich im beruflichen und privaten Alltag meine Kraft? Wo tanke ich auf?
- Bin ich noch ein sympathischer Problemlöser oder bereits ein Superheld oder eine Superheldin in Uniform?

- Bin ich in guter Verbindung mit meinem Körper?
- Nehme ich meine Bedürfnisse und Empfindungen bewusst wahr?
- Hand aufs Herz: Braucht mein Berufsleben oder Leben einen Shift? Wenn ja, in welchem Bereich?

ESSENZ FÜR EILIGE

Jeder Mensch findet es wichtig, dass es ihm gut geht – nur klappt es oft nicht, sich gut um sich zu kümmern.

Eine bestimmte Persönlichkeitsstruktur, nämlich die des Gernleisters, ist besonders anfällig, in einen Strudel der Überbeanspruchung zu geraten.

Überbeanspruchung beginnt mit besten Absichten, ist subjektiv sogar gewollt und intrinsisch motiviert und wird dann überfordernd.

Der Gernleister folgt der Idee von der grenzenlosen Superhelden-Kraft und lädt sich immer mehr Aufgaben auf.

Menschen verfallen bei zu hohen Anforderungen in einen Modus von Strenge und Härte. Dabei wird auch die Sensibilität für das eigene körperliche und emotionale Empfinden geschwächt oder abgeschnitten (Dis-Connect). Interozeption und Impathie schwinden.

Die fehlende Innenorientierung führt zu einer Überanpassung an von außen gestellte Anforderungen und Erwartungen und das mündet in einen Teufelskreis.

Superhelden-Energie ist ein Notprogramm, keine Charakterschwäche. Sie hat viele Gesichter. Neben einer strengen und abwertenden Attitüde gibt es eine charismatische, sozial überangepasste, leise Form der Überschreitung eigener Grenzen.

Menschen sollten den Fokus auf ihre eigene Loslösung vom Superheldentum legen, sich wieder mit sich selbst gut verbinden und nicht ungefragt andere Menschen konfrontieren. Kein Coaching ohne Auftrag.

Warum unser Wohlbefinden in unserer Arbeitswelt keinen Platz hat

So unterschiedlich ihre Biografien auch sein mögen, eine Gemeinsamkeit scheint im Gespräch mit Führungskräften immer wieder durch. Sie schämen sich dafür, dass sie es nicht so gut schaffen, für sich selbst zu sorgen. Aus stiller Scham für ihr Unvermögen wird, wie bei Ellen, gerne harte Selbstanklage. Ein bisschen Sport, der Verzicht auf Alkohol und Süßigkeiten und stattdessen der Griff zum Apfel, das kann doch nicht so schwer sein! Ist es allein die Schuld der Führungskräfte, wenn sie nicht gut für sich sorgen können? Nein, denn es ist gar nicht so einfach, in den bestehenden Systemen in gutem Kontakt mit den eigenen Bedürfnissen zu sein. Warum nicht? Es gibt so viele Hindernisse!

Warum ist Gesundheit so unsexy?

Sich um das eigene Wohlbefinden zu kümmern, wird manchmal als Anti-Ziel empfunden, etwas, das man tun muss, wenn man unglücklicherweise erkrankt, das aber nicht mit attraktiven Bildern besetzt ist. Der Marlboro-Mann, den die Älteren unter uns noch kennen, rauchte, wenn er cool durch die Prärie ritt, und aß keinen Apfel. Bei Sportübertragungen im Fernsehen läuft weiterhin Werbung für Bier und Chips. Sich um die eigene Gesundheit zu kümmern, ist für einen Teil unserer Bevölkerung so unattraktiv, wie aufzuräumen oder die Steuererklärung zu machen. Natürlich gibt es inzwischen auch einen Gegentrend, der Gesundheit fast zur Ideologie erhebt, also auch nicht gerade entspannt damit umgeht. Meist wird das Thema Gesundheit und ein gesundes Leben zu führen mit Anstrengung und Disziplin in Verbindung gebracht. Die Perspektive bestimmt, was wir wahrnehmen, nicht das Thema. Gesundheit wird zum anstrengenden Verzicht auf alles, was im Leben Spaß macht – Gesundheit und Lebensfreude werden als Gegensätze angesehen. Das ist verrückt, denn jeder, der seine Gesundheit verloren hat, bestätigt eindrucksvoll, dass körperliches und seelisches Wohlbefinden das attraktivste Gefühl ist, das es überhaupt gibt. Oder wie es die WHO schon 1949 kühn formulierte: »Gesundheit ist ein Zustand des vollständigen körperlichen, geistigen und sozialen Wohlbefindens und nicht nur das Freisein von Krankheit oder Gebrechen.«[3] Unser Bild von Gesundheit und Wohlbefinden ist also in eine Schieflage geraten. Wie können wir es geraderücken?

An dieser Stelle hilft eine andere Sichtweise auf Gesundheit und Krankheit. Der Medizinsoziologe Aaron Antonovsky[4] hörte in den 1970er Jahren auf, Krankheit und Gesundheit als statische Pole zu verstehen, in die wir passiv geraten und dann darin wie gefangen sind: Ich bin entweder gesund oder krank. Für ihn befinden wir uns in jedem Moment unseres Lebens *zwischen den Polen*, wir sind *sowohl immer gesund als auch immer krank*. Wir befinden uns also nicht mehr im Schwarz-Weiß-Denken, sondern in der bunten Realität der Differenzierung. Wir bewegen uns in unserem Leben ständig zwischen den Polen hin und her.

Denken wir über Wohlbefinden in dieser Art und Weise, sind wir immer ein Teil unseres eigenen Prozesses. Statt zu verdrängen, zu hoffen oder aufzugeben, sehen wir uns als wirksame *Akteure unseres Wohlbefindens*. Nach Antonovsky sind wir Menschen niemals statisch. Auf dem sogenannten Gesundheits-Krankheits-Kontinuum können wir uns immer hin- und herbewegen. Sich selbstbestimmt zu bewegen, wird durch dieses Kontinuum erleichtert, denn es befreit uns aus der Falle des Entweder-oder. Diese Sichtweise erlaubt, gesundheitsförderliche und gesundheitsschädliche Verhaltensweisen selbstverantwortlich und situationsbezogen zu kombinieren. Wir können uns bewusst für gesundheitsförderliche Strategien entscheiden, können aber auch immer wieder lustvoll Ausnahmen machen. Für unser Wohlbefinden sind wir individuell verantwortlich und damit auch für unsere Kraftquellen, Stressoren und Bewältigungs-

Sind wir allein schuld, wenn wir Selbstfürsorge nicht gut hinbekommen?

strategien. Patentrezepte sind überflüssig, denn es ist klar: Was für andere gilt, muss für mich nicht gelten. Begreifen wir uns als Reisende zwischen den Polen, dann suchen wir unseren eigenen Weg zur Kraft, zur Schmerzfreiheit, und wenn es uns schlecht geht, dann haben wir viele Möglichkeiten gegenzusteuern. Somit sind wir in der Lage, uns als individuelle und wirksame Wesen in dieser Welt zu erfahren.

Unsere klassische Managementwelt kommt aus einer jahrzehntelangen Erfolgsgeschichte und Tradition, in der Körper, Seele und Wohlbefinden der Menschen keine Rolle spielten. Der Fokus lag und liegt auf dem Rationalen, geprägt vom Gedanken der messbaren Effizienzsteigerung: Wenn der Umsatz steigt und die Kosten sinken, sind die Ergebnisse gut. Es ist ein System, das sich ideal für Menschen eignet, die ihre Aufgaben so geräuschlos und reibungslos wie möglich erfüllen. Das Paradigma der Optimierung hat sich auch in vielen von uns eingenistet. Als solche sind wir auch als Menschen gelebte Effizienz, die reibungslos funktionieren – oder *pflegeleicht,* wie es Prof. Dr. Miriam Meckel in ihrem Buch ausdrückte, das sie im Kontext ihrer Erschöpfungsdepression verfasste. »*Pflegeleicht* – in diesem Wort steckt all die Anpassung, Regelkonformität, Stromlinienförmigkeit, die Langeweile und Lebensmüdigkeit, die ich seit dem vergangenen Jahr manchmal wie in einem Albtraum vor mir sehe.«[5]

Sind wir also gelebte Reibungslosigkeit, Pflegeleichtigkeit und Selbstoptimierung? Nein, natürlich sind wir das nicht, aber wir tun so, als ob, und manchmal haben wir den Traum, Superhelden mit Superkräften zu sein. Aber aus dem Traum kann schnell ein Albtraum werden. »Der Mensch agiert und züchtet zielgenau und produziert damit vor allem eins: innere Armut. Und das beginnt sich nun zu rächen, beschreibt es Frank Dopheide.«[6] Schlagen die Seelen und Körper der Führungskräfte Alarm, wenn die Krankheitsquote dramatisch ansteigt? Ich denke schon und sehe darin die Chance zu einem echten Wandel, den jede Führungskraft in ihrem Inneren und in ihrem eigenen Wirkungsbereich beginnen kann. Es ist auch nicht unsere Schuld, wenn wir in der heutigen Zeit an Grenzen stoßen, und daher brauchen wir uns nicht dafür zu schämen. Wenn wir die Scham hinter uns lassen, wird viel Energie frei, die wir gut ka-

Es ist ein emanzipatorischer Schritt, sich für sein Wohlbefinden einzusetzen!

nalisieren können für unseren Weg. Es ist ein emanzipatorischer Akt, in unserem heutigen Wirtschaftssystem für uns selbst einzutreten. Es ist etwas, das wir mutig angehen müssen, und dafür ernten wir nicht sofort Applaus. Das System um uns herum profitiert sehr von Menschen, die »funktionieren«. Wenn wir die innere Kraft entwickeln, uns einen eigenen Lebensraum zu schaffen, fühlen wir uns darin zutiefst lebendig und produktiv – ein schönes Gefühl! Raus aus dem reibungslosen Funktionieren – rein in die eigene Kraft. »Das klingt nicht einfach«, werden Sie denken! Ja, da haben Sie recht. Aber spüren Sie den Reiz Ihrer Lebendigkeit, Ihrer vielleicht längst vergessenen Kraft und Vitalität? Wenn wir uns als Führungskräfte entscheiden, ein anderes, gesundes Selbstverständnis zu entwickeln, sind wir Pioniere. *Die beste Zeit, sich für das eigene Wohlbefinden und die eigene Gesundheit einzusetzen, ist also jetzt!*

Gefährde ich meine Karriere, wenn ich Selfcare betreibe?

Setze ich meine Karriere aufs Spiel, wenn ich nach einem neuen Paradigma arbeite, obwohl das alte von mir erwartet wird? Diese Frage taucht in meinen Coachings immer wieder auf. Ich stelle meinen Kunden dann gern folgende Fragen: Wenn Sie so weitermachen wie bisher, was ist dann? Werden Sie diesen Arbeitsstil aufrechterhalten können? Die eigentliche Frage ist also: Wie groß ist der Spielraum für Veränderungen? Veränderung bedeutet immer ein Abwägen: Welches Gut erhalte ich zu welchem Preis? Was bedeutet mir was? Wofür bin ich bereit, welchen Preis zu zahlen? Und gibt es für mich überzeugende Gründe, anders zu priorisieren? Damit sind wir wieder bei der Eigenverantwortung. Die grundsätzlichen Möglichkeiten, mehr für sich selbst zu tun, sind jedenfalls besser denn je. Unternehmen, die sich ernsthaft für die Zukunft aufstellen, wissen längst, dass es gar nicht anders geht, als das Thema körperliches und seelisches Wohlbefinden ernst zu nehmen und in einer älter werdenden Belegschaft gute Rahmenbedingungen zu schaffen, damit die Mitarbeiterinnen und Mitarbeiter möglichst lange gesund und leistungsfähig bleiben. Einfordern müssen oder können wir es leider nur selbst. Inwieweit es aber ein echtes, realistisches und im Alltag spürbares Bekenntnis dazu gibt, das zeigt sich erst in der Praxis. Hier höre ich von meinen Kundinnen und Kunden alles: von erschreckend tauben Ohren bis zu überraschend offenen Türen. Es lohnt sich also, ernsthaft für seine Interessen einzutreten – entweder, indem man Fakten schafft, oder indem man gut vorbereitet in Verhandlungen geht. Nur eines bringt nichts: Darauf zu warten, dass jemand auf einen zukommt und fragt, ob man nicht etwas für das eigene Wohlergehen tun möchte. Es ist unsere persönliche Aufgabe, uns die Frage zu stellen, ob der Weg, den wir jetzt gehen, für uns noch der richtige ist oder ob wir etwas ändern müssen.

Welchen Preis bin ich bereit, für was zu zahlen?

Von welchem *Ort* aus sprechen wir eigentlich, wenn wir über unser berufliches Wohlbefinden sprechen? Was ist darunter zu verstehen? Ich möchte uns dafür sensibilisieren, dass es immer einen Ausgangspunkt gibt, von dem aus wir Themen betrachten. Dieser Ort prägt grundlegend die Inhalte unseres Denkens und Fühlens. Wir können nicht ohne einen inneren Ausgangspunkt denken oder fühlen.[7] Um dies an einem Beispiel zu verdeutlichen: Wenn Sie über den Vertrieb von Speiseeis nachdenken, werden Sie in verschiedenen Teilen der Welt unterschiedliche Reaktionen erhalten. Rom würde Ihr Angebot verstehen und schätzen. Aber Rom würde über höchste Qualität von Eis diskutieren, weil das Produkt in Rom bereits in der Blüte seiner Kultur steht. Tallinn würde Sie herzlich willkommen heißen. Die Esten sind mit 12,5 kg Speiseeis pro Kopf und Jahr europäischer Spitzenreiter.[8] Zürich lehnt dankend ab, kein oder kaum Bedarf. Von allen Europäern essen die Schweizer am wenigsten Eis. Im sibirischen Oimjakon, der kältesten Stadt der Welt, versteht man gar nicht, wie man auf so eine verrückte Idee kommen kann: Eis! Wir sehen, Eis bleibt Eis, aber die verschiedenen Orte reagieren aus subjektiv nachvollziehbaren Gründen. Jede Stadt hat ihre eigene Kultur, ihre eigene Geschichte, ihre eigenen Vorlieben und ihr eigenes Wissen. Wir alle sind unsere eigene Stadt. Was draußen funktioniert, funktioniert auch im Innern. Jeder von uns trägt eine eigene Kultur, eine eigene Geschichte und große Bündel von Erfahrungen in sich, die uns prägen und damit auch unsere Sicht auf die Dinge beeinflussen. In der Psychologie spricht man von Mindset oder Glaubenssätzen. Ich finde es leichter, sich die Komplexität unserer inneren Welt als eine Stadt oder einen Ort vorzustellen. Da das Thema der Notwendigkeit von Selbstfürsorge im Business mitunter heftig diskutiert wird, möchte ich im Folgenden die verschiedenen Ausgangspositionen beschreiben, um eine Verständigung zu ermöglichen. Im systemischen Coaching nehmen wir verschiedene Wahrnehmungspositionen ein, um das Blickfeld zu erweitern.

Selfcare ist überflüssig oder etwas für Weicheier

Aus der konservativen Managementperspektive erscheint die Forderung nach Selbstfürsorge und Wohlbefinden als überflüssiger Luxus. Es gilt normal, dass Führungskräfte und Mitarbeitende reibungslos funktionieren. Arbeit bedeutet, Prozesse einzuhalten, Meilensteine zu kontrollieren, Wachstumsziele zu überwachen. Arbeit ist dann am besten, wenn die Sachebene bedient wird und das Ergebnis stimmt. Eigene mentale und emotionale Entwicklungsprozesse werden entweder ins Private verlagert oder als irrelevant ausgeblendet. Dort liegen sie und rücken erst im Krankheitsfall wieder ins Bewusstsein. Selbstfürsorge ist aus dieser Perspektive unnötig und schwach. Es ist ein Thema, das in einer mechanistischen Sicht der Arbeitswelt und der Menschen in ihr nicht verstanden wird. Es findet nicht statt. Aber nicht, weil es jemand böswillig verschweigt. Es ist schlicht nicht vorgesehen.

Ohne eine gute Selbstfürsorge geht gar nichts

Als Führungskraft in Zeiten der Transformation bin ich mit neuen, meist agileren Arbeitsweisen konfrontiert. Allein schon die engere Taktung bringt viel mehr Bewegung und Tempo als früher. Nicht ohne Grund ist von der großen Beschleunigung die Rede. Kommunikation war auch in der Vergangenheit wichtig, aber es handelte sich mehr um ein Reporting als einen echten, wechselseitigen Austausch. Dialog- und Feedbackfähigkeiten sind keine selbstverständlichen Kompetenzen. Sie sind zu trainieren, zu üben und immer wieder zu reflektieren. Gute Fragen zu stellen, zuzuhören, Wichtiges zu paraphrasieren oder Konflikte durch Moderation zu klären, ist eine anspruchsvolle Kunst. Dass Führungskräfte das können, können wir nicht voraussetzen, schon gar nicht unter Leistungsdruck. Die To-do-Liste einer jeden Führungskraft ist also um ein Vielfaches erweitert. Diese völlig anderen Arbeitsweisen muss ich als erfahrene Führungskraft mit dem inneren Repertoire des klassischen Managements steuern. Schon hier beginnen sich viele zu überfordern. Hinzu kommt, dass alle Mitarbeitenden und auch die Führungskräfte selbst in Transformationsphasen psycho-emotionale Krisen durchlaufen, die es in der alten Unternehmenswelt so nicht gab. Diese Krisen äußern sich mal in Widerstand, mal in Ignoranz, mal in Aggression, mal in Hilflosigkeit. Auf der Sachebene zu managen, reicht deshalb mehr aus. In einer unbeständigen Welt gibt es keine festgefügte, eindimensionale und vorhersehbare Wirklichkeit mehr, die wir nur linear abarbeiten müssen.

Darüber hinaus gibt es noch weitere Einflussfaktoren auf meinen Alltag als Führungskraft. Die sozialen Medien und deren Emotionalisierungsgrad spielen an diversen Schnittstellen zum Business auch eine Rolle. Als Führungskraft bin ich gefordert, mit vielschichtigen und sich sozial verstärkenden Emotionen umzugehen. Hinzu kommen politische und gesellschaftliche Umbrüche sowie globale Themen wie Kriegsereignisse oder die Klimakrise, die auch im Business verunsichern. Als Führungskraft habe ich darüber hinaus oft kulturell unterschiedlich geprägte Menschen in meinem Team, die mit ihren eigenen Strategien versuchen, mit den komplexen Anforderungen umzugehen. Auf der Sachebene funktioniert das je nach Kompetenz mehr oder weniger gut. Auf der emotionalen Ebene herrscht hier Chaos. Viele haben noch nicht gelernt, dass die Welt auch in ihrem Bereich nicht mehr so funktioniert, wie sie es lange Zeit getan hat. Die Führungskraft muss hier vergleichbar mit einem Coach agieren und Menschen in diesen Veränderungsprozessen auch emotional zur Seite stehen. Wer diese Herausforderungen bewältigen möchte, braucht ein stabiles und starkes »Ich«. So gesehen sind Führungskräfte gefordert, auf sich zu achten. Wer den massiv gestiegenen Anforderungen untätig gegenübersteht, stößt an seine Grenzen.

Nur ein gesunder Mitarbeitender ist ein leistungsfähiger Mitarbeitender

Unternehmen, die die Ressource Mensch als wichtigen Erfolgsfaktor für nachhaltiges Wirtschaften erkannt haben, sind in vielerlei Hinsicht daran interessiert, gute Rahmenbedingungen für ihre Mitarbeitende zu schaffen. Flex-Work, Home-Office, Betriebskindergärten, Ruheräume, Fitness- und Yogakurse, das Firmenfahrrad, Shared Leadership, gesundes Kantinenessen … es tut sich viel.

Es geht um Arbeitsweisen, die menschlich und wirtschaftlich überzeugen.

Vieles wird aus der New-Work-Bewegung angestoßen. Dennoch dominiert aufgrund unserer Geschichte in den meisten Unternehmensstrukturen der Fokus auf Effizienzsteigerung. Deshalb gibt es immer wieder Angebote, die unter der Flagge laufen: Hier bekommt ihr etwas, damit ihr reibungsloser arbeiten, also funktionieren könnt. Wenn die Hamster müde sind, gibt man ihnen etwas: Energy-Drinks. Diese Selfcare-Kultur baut auf der klassischen Management-Sichtweise auf: Das reibungslose Funktionieren geht weiter, nur die Symptome sollen verschwinden. Hier müssen wir wachsam sein. Echte Selbstfürsorge darf keine reine Kosmetik für dahinterliegende ungelöste Schieflagen sein. Ist ein strukturelles Grundproblem nicht gelöst, taucht es in verschärfter Form wieder auf – und den Schaden hat im Zweifel immer der Mensch selbst zu tragen. Wir müssen und dürfen uns also auch die Frage stellen, in welchen Strukturen Menschen erfolgreich und nachhaltig gesund arbeiten können. Was sind zeit- und menschengerechte Strukturen? Wie sehen Arbeitsformen aus, in denen Menschen produktiv sein wollen und können? Was ist gesundes Wirtschaften? Wie kann Leistung und Gesundheit zusammen gedacht und gelebt werden? Es geht darum, dass wir Arbeitsformen etablieren, die menschlich und wirtschaftlich überzeugen.

Nachdem nun die verschiedenen Perspektiven auf das Thema Selbstfürsorge beleuchtet worden sind: Von welchem Ort aus schauen Sie auf Ihr Wohlbefinden, auf Ihre Arbeitsweise und das Thema Selfcare? Um von diesem Buch zu profitieren, müssen Sie kein Selfcare-Experte sein oder werden, vielleicht entlastet Sie das. Sie sollten lediglich überlegen: Bin ich interessiert daran, meinen Weg zu prüfen und bei Bedarf zu verändern? Bringe ich Offenheit, Neugierde auf mich selbst und Interesse an meiner persönlichen und beruflichen Entwicklung mit?

Was versteht man eigentlich unter Selfcare?

Klassischerweise versteht man unter Selfcare Selbstfürsorge oder Selbstversorgung und meint damit den Prozess, sich um die eigene Gesundheit auf körperlicher und seelischer Ebene zu kümmern. Unter Selfcare werden häufig sowohl Entspannungstechniken wie Meditation, Achtsamkeitsübungen, Yoga, Sauna, Wellnessbehandlungen et cetera als auch Aspekte gesunder Ernährung wie Schlafhygiene und Bewegung im Allgemeinen verstanden. Selbstfürsorge ausschließlich mit Wellness oder gar mit spirituellen Praktiken gleichzusetzen, greift zu kurz, weil damit wesentliche Grundlagen negiert werden und Selbstfürsorge leicht als »Nice-to-have« abgetan werden kann. Selfcare geht eigentlich ans Eingemachte, nämlich an unsere Lebens- und Arbeitsweise. Brianna Wiest formuliert den Anspruch von Selfcare treffend: *»True self-care is not salt bath and chocolate cake; it is making the choice to build a life you don't need to regularly escape from. You have to become the kind of person who deserves the life you want.«*[9]

Machen wir einen Selbsttest. Nehmen wir an, Sie stehen vor einer anspruchsvollen Operation, von der Sie wissen, dass sie gewisse Risiken birgt und vom Chirurgen besonderes Geschick verlangt, also kein Routineeingriff ist. Sie haben die Wahl zwischen drei Chirurgen. Alle drei sind gleich erfahren. Es gibt in der fachlichen Kompetenz keinen erkennbaren Unterschied. Vom Ersten erfahren Sie, dass er seit acht Jahren im anstrengenden Schichtdienst operiert, 36-Stunden-Dienste sind die Regel. Im Vorgespräch redet er kurz und prägnant, er vermit-

Ist Selfcare ein Luxus, den keiner braucht, oder eine zwingende Voraussetzung für nachhaltigen Erfolg?

telt, dass er weiß, was er tut. Man riecht, dass er starker Raucher ist. Er wirkt müde und gereizt. Im Vorzimmer wird er laut und unbeherrscht. Er stellt keine Fragen an Sie. Sie sollen zu den Risiken Ihr schriftliches Einverständnis geben. Ende. Die zweite Person arbeitet ebenfalls im Schichtdienst. Sie führt mit Ihnen ein längeres Gespräch, in dem sie neben den medizinischen Fakten auch das Thema Mindset anspricht, wie wichtig Ihre Einstellung zur Operation und zur Genesung ist. Sie erfahren, dass sie selbst gezielte Konzentrations- und Entspannungstechniken anwendet. Sie vermittelt Ihnen, dass es ihr wichtig ist, dass Sie persönlich gut durch die Operation kommen, und gibt Ihnen praktische Übungen für den Moment der Anästhesie. Sie erklärt Ihnen, warum dies sinnvoll sein kann, überlässt Ihnen aber die Entscheidung, ob Sie das Angebot annehmen wollen. Die dritte Person wirkt ausgeglichen, aufmerksam und zugewandt. Nach dem Informationsteil geht sie auf Ihre Fragen und Anliegen ein. Sie haben die ungeteilte Aufmerksamkeit und das sichere Gefühl, sagen zu können, was Sie beschäftigt. Sie erfahren: Diese Person arbeitet mit fachlicher und menschlicher Leidenschaft. Sie ist ernsthaft an der Genesung ihrer Patienten interessiert und hat für sich einen guten Weg gefunden, nur so viele Operationen durchzuführen, wie sie selbst am besten vertreten kann. Sie beantwortet Ihnen Ihre Fragen, erklärt Ihnen Chancen und Risiken und macht Sie zu einem Teil des Prozesses, ohne Sie zu überfordern, souverän, aufmerksam, zugewandt.

Wer ist die Person Ihrer Wahl? Die dritte Person, vermute ich. Sie ist gut mit ihrem Job und mit sich selbst verbunden. Sie hat die Balance zwischen hoher Leistungsbereitschaft, Qualität und Wohlbefinden gefunden. Sie ist rundum gut aufgestellt. Das ist wohl der Idealzustand. Für mich ist das eine Person, die Selfcare Next Level in ihrem Leben umgesetzt hat. Aber die zweite Person könnte es auch sein, oder? Sie wirkt auf jeden Fall vertrauenswürdiger als die erste. Sie ist noch in dem treibenden System des Kliniksystems, hat aber für sich selbst wirksame Strategien gefunden, um darin entspannter bestehen zu können, in diesem Fall durch mentale Strategien und Atemübungen. Viele Menschen nutzen Selbstfürsorgetechniken, um in einem System bestehen zu können. Das ist auf jeden Fall besser, als sich gar nicht um sich zu kümmern. Den ersten Chirurgen würden Sie vermutlich nicht wählen. Wenn unser Leben selbst betroffen ist, wünschen wir uns Profis, die gut für sich sorgen und in ihrer Kraft sind. Was denken wir also dann über uns selbst? Wollen wir uns selbst in fragwürdigem Zustand unseren Mitarbeitenden und Kunden überlassen? Müssen wir bei unseren eher geistigen Tätigkeiten nicht in unserer Kraft sein?

Wer Visionen hat ...

Erlauben Sie mir einen Blick in ein gesund aufgestelltes Unternehmen und wie die Menschen darin arbeiten könnten. Dort arbeiten Menschen, die sich ihrer Stärken, ihrer Werte und ihrer Rollen bewusst sind. Sie sind grundsätzlich im Reinen mit dem, wofür sie arbeiten, wo sie arbeiten und welche Rolle sie ausüben. Das hat zur Folge, dass in dem Unternehmen eine konstruktive und produktive Atmosphäre herrscht. Die Meetings haben immer einen gefühlten Mehrwert, weil klar ist, was der Sinn und Zweck eines Meetings sind. Intrigen und Lästereien fallen weg, weil offen über Rollen, Ambitionen, Wünsche gesprochen werden kann. Gibt es private Herausforderungen, können diese in Absprache mit dem Team angegangen werden. Jeder Mitarbeiter / jede Mitarbeiterin achtet darauf, dass er/sie mental-emotional und körperlich so gefestigt wie möglich ist, nicht weil es eine Doktrin ist, sondern weil es sich für einen selbst am besten anfühlt, wach, leistungsfähig und gestärkt zu sein. Jeder Mitarbeitende weiß, dass mentale Hygiene ein wichtiger Faktor ist. Und jeder kümmert sich darum, weil sie wie Zähneputzen intrinsisch motiviert ist und als wohltuende freiwillige Selbsthygiene betrachtet wird. Oder müssen Sie zum Zähneputzen oder Kämmen von außen motiviert werden? Machtkämpfe werden überflüssig, es gibt keine Statusspiele und keine Profilierungsorgien mehr. Es mag Arenen geben,

Selfcare Next Level bedeutet, dass wir für uns einen Arbeits- und Lebensstil etablieren, der uns mehr Kraft gibt, als er uns nimmt.

in denen heftig gestritten wird, in denen es aber allen darum geht, die Interessen des Unternehmens voranzubringen. In allen Debatten sind die Menschen in der Regel in einem guten energetischen Zustand. Wenn das nicht der Fall ist, dann kann sich jemand auch mal für ein paar Stunden oder einen Tag zurückziehen. Klingt nach einer Utopie? Ja und nein, denn ich habe bereits Unternehmen oder Teams erlebt, in denen das bereits das *new normal* ist, aber es ist durchaus selten anzutreffen. Aber könnte es nicht attraktiv sein, sich in diese Richtung zu bewegen? Haben Sie Lust? Schon kleinere Schritte in diese Richtung können die erlebte Lebensqualität während der Arbeitszeit steigern. Es lohnt sich also, anzufangen. Selfcare Next Level bedeutet mehr als Achtsamkeitsübungen oder Yogamatte. Selfcare Next Level bedeutet auch nicht, sich nach einem anstrengenden Tag zum Sport zu quälen oder dem guten Schlaf hinterherzujagen.

Selfcare Next Level bedeutet die selbstbewusste Gestaltung eines Arbeits- und Lebensstils, der mit dem eigenen Wohlbefinden in Einklang steht.

Es geht um einen echten Wendepunkt, den wir tief im eigenen Inneren erleben und angehen. Bei Selfcare Next Level geht es um die wunderbare Beziehung mit uns selbst und unserer Welt. Wie wollen wir leben? Wie wollen wir arbeiten?

ESSENZ FÜR EILIGE

Scham und Selbstvorwürfe sind unter Führungskräften weit verbreitet, wenn es ihnen nicht gelingt, genügend Selbstfürsorge in ihr Leben zu integrieren.

Ein Leben und Arbeiten in Wohlbefinden ist für jeden Menschen anspruchsvoll, da es viele gesellschaftliche und soziale Normen gibt, die Menschen in eine andere Richtung drängen.

Es braucht emanzipatorische Energie, um sich nachhaltig für das eigene Wohlbefinden einzusetzen.

Gesundheit wird gesellschaftlich und kulturell meist nicht als attraktives Ziel erlebt. Sie wird eher mit Verzicht auf alles Lebenswerte assoziiert.

Wenn Menschen sich nicht rein passiv als gesund oder krank, sondern als im Fluss zwischen diesen beiden Polen begreifen (nach Antonovskys Theorie), können sie sich als aktiven Teil dieses Gefüges begreifen.

Der (mentale) Ort, von dem aus Menschen ein Thema betrachten, hat massiven Einfluss darauf, was Menschen mit einem Thema verbinden.

Selfcare aus klassischer Managementperspektive ist überflüssig und etwas für Weicheier. Aus einer ganzheitlichen Perspektive hingegen wird Selbstfürsorge als zentrale Grundlage für nachhaltige Leistungsfähigkeit gesehen. Aus einer übergeordneten Perspektive stellt sich die Frage, wie Unternehmen und Menschen in einem System wachsen können.

Selfcare Next Level bedeutet, dass Menschen einen Arbeits- und Lebensstil etablieren, der ihnen mehr Kraft gibt, als er ihnen nimmt.

Sensorship als Weg in die Kraft

»Fahr doch mal ein paar Tage ans Meer, das tut dir gut, das tut *allen* gut. Danach geht's dir besser!« Karen beherzigte den Rat ihrer Freundin und fand genau das, was sie suchte. Tagelang ging sie am Strand spazieren, ihr Geist atmete den frischen Wind ein, die Wellen des Meeres beruhigten ihre Seele. Nichts und niemand verlangte etwas von ihr. Die Auszeit am Meer war genau das Richtige für. Karen tankte neue Energie und gab den Tipp irgendwann in bester Absicht an Doris weiter. »Fahr doch mal ein paar Tage ans Meer! Das tut *allen* gut!« Doris nahm den Rat dankend an, doch ihre Tage am Meer verliefen ganz anders. Es war das gleiche Meer, die gleiche Jahreszeit, sogar das gleiche Hotel. Doris lief sogar fast die gleichen Wege am Strand entlang. Dennoch fühlte sich Doris nicht entspannt. Im Gegenteil, es war, als würden die gleichen Wellen tausend Fragen an sie stellen: »Was wird aus Projekt A? Was wird aus dem Mitarbeiter B, der entlassen wurde? Sehe ich mich denn überhaupt noch in der Firma? Warum habe ich – obwohl ich am Meer bin – so heftige Kopfschmerzen? Warum schmeckt mir das Essen nicht? Hat das Leben überhaupt einen Sinn?« Für Doris waren die wenigen Tage am Meer eine Qual.

Vielleicht bekommen Sie auch immer wieder ungefragte Ratschläge von anderen, was Sie angeblich tun oder lassen sollten, damit es Ihnen besser geht. »Mach unbedingt Yoga! Lerne zu meditieren, ernähre dich ayurvedisch, dann wird es dir besser gehen!« Wir Menschen neigen dazu, von uns selbst auf andere zu schließen, gerade wenn wir für uns selbst wichtige Entdeckungen gemacht haben. Aber Vorsicht! Das ist ein großer und fataler Trugschluss. Nur weil uns etwas guttut, weil es uns körperlich, seelisch oder geistig nährt, muss das noch lange nicht für andere gelten. Die Wahrscheinlichkeit ist sogar äußerst gering, denn jeder Mensch ist einzigartig.

Selfcare Next Level ist eine individuelle Reise und kein Pauschalangebot

Hören wir also auf, blind den Ratschlägen anderer zu folgen oder auch anderen ungefragt Ratschläge zu erteilen. Tage am Meer sind genauso wenig ein Allheilmittel wie Yoga, Joggen, Meditation oder andere Vorstellungen von Pauschal-Entspannung. Die US-amerikanische Psychologin Willoughby Britton von der Brown University konnte in einer zehnjährigen Langzeitstudie nachweisen, dass etwa jeder zehnte Meditierende Nebenwirkungen entwickelt, die ihn im Alltag stark einschränken. Angst, traumatische Flashbacks und Hypersensibilität sind laut Britton die häufigsten Nebenwirkungen von Meditation.[10] Es ist fatal, sich von Mehrheitsmeinungen, Dogmen oder Klischees leiten zu lassen, weil sie mit dem ungeschriebenen Gesetz einhergehen: X zu tun, muss sich gut und richtig anfühlen. Frauen wird gerne unterstellt, ein Wellnesswochenende mit Freundinnen sei immer erholsam. Mir sind viele Frauen begegnet, die nach Wellnesstagen angespannter nach Hause kamen, als sie losgefahren sind. Ein männlicher Klient erzählte mir, seine Freunde hätten ihm geraten, wieder mehr Einzelgänger zu sein und unabhängig von seiner Partnerin Abenteuer zu planen. Das sei das *wahre Wohlbefinden* für einen Mann. In unserer Reflexion hat er erkannt, dass er im Begriff war, ein *fremdes Drehbuch* zu erfüllen, das heißt einer Vorstellung von anderen zu entsprechen. Er selbst hatte gar nicht das Bedürfnis, dies zu tun.

Jeder Mensch ist ein Unikat! Daher sind Ratschläge zwar nett gemeint, aber sinnlos!

Bleiben wir also wachsam und achten wir darauf, dass wir uns nicht von den Erwartungen und Vorstellungen anderer Menschen dirigieren lassen.

Es ist wichtig, eine *Expertise für mich selbst* zu entwickeln und mich selbst zum Experten oder zur Expertin für mein Wohlbefinden zu befördern. Ich verwende bewusst den Begriff der *Beförderung*. Wie bei einer beruflichen Beförderung bringt eine solche Selbstbeförderung mehr Verantwortung, ein größeres Aufgabenfeld, mehr Entscheidungskompetenz, aber auch deutlich mehr Wirksamkeit, mehr Lebensqualität und mehr Lebensfreude mit sich. Mit der Ernennung zum Experten für das eigene Wohlbefinden erkenne ich an, dass *niemand außer mir selbst* wissen kann, was fur *mich richtig, gut und förderlich* ist und *was nicht*. Damit verbunden ist die Empfehlung, sich nicht ständig mit anderen Menschen zu vergleichen oder in einen Wettbewerb zu stellen. Wohlfühlkompetenz bedeutet, sich immer wieder auf sich selbst und seinen individuellen Radar zu besinnen. Nicht nur die sozialen Medien bieten viel Futter für ungute Vergleiche, für ein verzerrtes Verhältnis zu uns selbst und zu anderen. Irgendjemand ist oder scheint immer besser, privilegierter, klüger, erfolgreicher oder vom Schicksal begünstigter zu sein als wir selbst. Wer hat eigentlich die Regeln dafür aufgestellt, was Erfolg und Wohlbefinden bedeuten? Wenn wir die Regeln unseres Lebens nicht selbst bestimmen, ist das sehr ungesund.

Nachhaltiges Wohlbefinden entsteht nur, wenn wir unsere eigenen Maßstäbe entdecken, immer wieder überprüfen und leben.

Ich nehme wahr, also bin ich

Wie kann ich das *eigene Regiebuch* für mich selbst entwickeln? Grundlage dafür ist die Entwicklung einer sehr guten und differenzierten Selbstwahrnehmung und deren ständige Verfeinerung durch Selbstreflexion. An unserem Institut haben wir das Konzept des Sensorship entwickelt.

Sensorship ist die Fähigkeit, Signale von innen und außen wahrzunehmen, zu filtern, zu regulieren und auf dieser Basis zu handeln.

Ein Beispiel soll die Grundidee verdeutlichen: Ein Regensensor an der Windschutzscheibe eines Autos nimmt den Beginn und das Ende eines Regenschauers wahr, erkennt die Stärke des Regenschauers und reguliert flexibel seine Aktivität: starker Niederschlag schnelles Intervall, geringer Niederschlag langsames Intervall. Hört es auf zu regnen, stoppt die Aktivität. Sensorship überträgt dieses Interaktionsprinzip auf den Menschen.

Abb. 4: Menschen mit einem guten Sensorship haben feine Antennen ins Innere und in die Welt und können ihre Wahrnehmungen klug einordnen.

Zwar sind die Impulse beim Menschen um ein Vielfaches komplexer und auch reziprok, aber das Prinzip eines guten Sensorship bleibt erhalten. Ein Mensch, der über ein ausgeprägtes Sensorship verfügt, ist in der Lage, *sich selbst zu lesen und zu spüren*. Körperliche, seelische und geistige Bedürfnisse und Impulse werden wahrgenommen und er übergeht sich nicht selbst. Ein Mensch mit einem guten Sensorship nimmt auch andere Menschen und seine Umwelt aufmerksam wahr und ist in der Lage, *Signale aus der Umwelt zu lesen, sie einzuordnen und entsprechend zu handeln*. Es geht also auch um die wahrnehmende Beobachtung der Wechselwirkung zwischen sich selbst und der Umwelt. Da ich und die Welt in einer wechselseitigen Beziehung stehen, sind *Selbsterfahrung und Welterfahrung untrennbar miteinander verbunden*. Er reagiert adäquat auf seine vielfältigen Eindrücke, ist also als lebendiger Mensch in Resonanz mit der Welt, vergleichbar mit dem Resonanzbegriff von Prof. Hartmut Rosa.[11]

Ich bin Experte & Expertin für mein eigenes Wohlbefinden. Niemand außer mir kann beurteilen, was für mich richtig, gut und förderlich ist und was nicht.

Vereinfacht formuliert geht es darum, ein ehrliches Gespür für sich selbst zu entwickeln und Signale von innen und außen immer differenzierter für sich zu interpretieren. Unser Körper und unsere Psyche geben uns ständig Feedback. Wenn wir offen wahrnehmen, erhalten wir immer eine Rückmeldung darüber, was uns nährt und guttut und was uns nicht guttut, und können entsprechend handeln.

Funktions-Modus versus Sensorship

In den vorhergehenden Kapiteln haben wir uns mit dem Superhelden-Modus beschäftigt. in diesem Modus ist es verpönt, wenn nicht gar tabu, seine persönlichen Empfindungen in die Arbeit einzubringen. Ich bezeichne diese Form des Arbeitens als: *Arbeiten ohne (m)ich.* Leitstern ist die reine Output- oder Ergebnisfixierung. Da aber bekanntlich in einer Wachstumsmaxime ein Ergebnis immer verbesserungsfähig ist, ist jedes Ergebnis nur eine Aufforderung zum Besseren. Das Mindset lautet also: Perfekt? Noch nicht. Das *next big thing* soll es bringen. Aber wo bin ich selbst? Ich renne dem Tempo hinterher, das ich selbst erhöhe. In dem Modus folge ich nicht meinem Sensorship. Im Gegenteil, ich nehme meinen körperlichen, geistigen oder emotionalen Zustand nicht wahr. Ich tue so, als hätte ich keine Bedürfnisse. Ist diese maschinenartige Arbeitsweise notwendig, um die Wirtschaft am Laufen zu halten? Das ist High Performance der alten Schule. Aber geht es auch anders? Sind die Folgen, auch die Gesundheitsschäden, die diese High Performance in unserer Gesellschaft anrichtet, kompensierbar?

Die andere Art von Wirksamkeit

Eine wahre Begebenheit gibt Aufschluss darüber, welche Leistungsfähigkeit in uns steckt, wenn wir uns mit uns selbst gut verbinden und uns selbst als Feedbacksystem nutzen. Stellen Sie sich vor, Sie wollten Tennisspielen lernen und Sie hätten zwei Lehrer zur Auswahl. Einen Tennistrainer und einen Skilehrer. Zu welchem würden Sie gehen? In einem Experiment der Urväter des modernen Performance-Coachings

Timothy Gallwey und John Whitmore haben diese die überraschende Erfahrung gemacht, dass die Gruppe von Schülern und Schülerinnen, die mit den Skilehrern arbeitete, besser und schneller Fortschritte im Tennis machte als die Vergleichsgruppe mit den Tennistrainern. Wie konnte das sein? Da die Skilehrer selbst keine Ahnung von Tennistechniken hatten, lehrten diese ihre Schüler und Schülerinnen ausschließlich, ihre eigene Körper- und Schlagerfahrung sensibel zu hinterfragen. »Wie hast du bei dem Schlag gestanden, der ins Aus ging? Was hast du alles beobachtet, als der Ball kam? Was meinst du selbst, was daran hätte besser sein können?« et cetera. Die Skilehrer unterstützten das Sensorship mit dem Ergebnis, dass diese frappierend schneller und besser Tennis spielen konnten als die Vergleichsgruppe.[12] Es liegt also ein sehr großes Lernpotenzial in unserer Fähigkeit zum Sensorship. Wir können schnell lernen, wenn wir uns selbst gut und differenziert wahrnehmen und uns die richtigen Fragen stellen. Beide Urväter des Coachings waren der Überzeugung, dass Menschen am schnellsten lernen, wenn sie »frei vom inneren Lärm« sind, eine damals revolutionäre Erkenntnis. Als »inneren Lärm« bezeichneten die beiden Coaches die Neigung unseres Geistes, immer wieder »von selbst« in eine gewisse Unordnung zu geraten. Und dieser »innere Lärm« hat nichts mit einer kranken Psyche zu tun, sondern wurde von den Coaches bei Spitzensportlern, also überdurchschnittlich fitten Menschen, beobachtet. Stellen wir uns dieses innere Phänomen wie unsere Frisur vor, die auch zum Verstrubbeln neigt und die wir regelmäßig mit einem Kamm zurechtrücken müssen. Im Leistungssport ist es heute selbstverständlich, einen Mentalcoach an der Seite zu haben, der bei der mentalen Hygiene hilft. Business-Health-Coaches helfen Gern- und Vielleistern, sich mental immer wieder zu ent-lärmen und sich anschließend gut auszurichten. Schlau ist diese Strategie, denn wenn wir uns vom inneren Lärm befreien können, sind wir nicht nur hoch leistungsfähig, sondern auch offen für Neues, kreativ, kooperativ und lernfähig. Wir sind dann das Gegenteil von misstrauisch, verurteilend, über- oder unterlegen. In diesem Zustand macht es richtig Freude zu arbeiten. Um das

Sensorship ist die Fähigkeit, Signale von innen und außen wahrzunehmen, zu filtern, zu regulieren und auf dieser Basis zu handeln.

zu erreichen, braucht es Sensorship. Zum Thema Sensorship gehört also neben der Fähigkeit, die Signale aus unserem Inneren wahrzunehmen, auch, unsere mentale Disposition und eben die Hebel der mentalen Selbstführung zu kennen. Sensorship betrachtet den Menschen ganzheitlich.

Um sein Sensorship auszubauen, gilt es also, das eigene Mindset in den Blick zu nehmen. In einem Versuch von Prof. Ellen Langer wurden Probanden mit der einfachen Aufgabe konfrontiert, Sportübungen zu machen. Der einen Gruppe wurde die Aufgabe gegeben, 100 Jumping Jacks (Hampelmann-Übungen) zu machen und sich zu melden, wenn sie müde wurden. Die Teilnehmenden meldeten sich nach zwei Dritteln der Aufgabe, also nach 67 Hampelmännern. Einer anderen Gruppe gab man die Vorgabe, 200 Jumping Jacks zu machen und ebenfalls zu sagen, wenn sie müde wurden. Überraschenderweise lag das Ergebnis ebenfalls bei zwei Dritteln der Aufgabe, dem Doppelten zur Vergleichsgruppe. Wo liegen objektiv die Grenzen? Menschen scheinen, sobald sie Vorgaben von außen erhalten, verführbar, dass sie sich nicht mehr auf sich selbst und das eigene Erschöpfungsempfinden verlassen. Es ist also eine *Kunst, bei sich selbst zu bleiben.*

Ein anderes Experiment, das nachdenklich stimmt: Lehrerinnen und Lehrern wurden bei der Übernahme einer ihnen vorher unbekannten Klasse bewusst falsche Informationen über den Leistungsstand der Klasse gegeben. Wenn Carla vorher schlechte Noten in Mathe hatte, gab man vor, sie sei eine Einser-Schülerin und umgekehrt. Den bisherigen Bestnotenschülern wurde unterstellt, schlechte Schüler zu sein. Nach einem Schuljahr wurde die Entwicklung der Schüler und Schülerinnen ausgewertet. Diejenigen, denen man fälschlicherweise (aber mit innerer Überzeugung!) viel zugetraut hatte, verbesserten ihre Leistung erheblich! Die ehemaligen Leistungsträger hatten sich alle verschlechtert. Die Lehrenden hatten offensichtlich nicht ihren eigenen Wahrnehmungen getraut, sondern dem Bild, das man ihnen mitgegeben hatte.

Bleiben wir also möglichst frei für unsere eigenen vielschichtigen Sinneseindrücke und beginnen wir, uns selbst immer mehr zu trauen – das wäre dann *Selbst-Bewusst-Sein.* Unser Denken und Fühlen sind offensichtlich störanfällig, daher gehört eine *gute mental-emotio-*

nale Selbstführung unbedingt in unseren *Selfcare-Next-Level-Kompetenzkoffer.* Als Führungskräfte sollten wir unsere Einstellung, was wir denken und fühlen, regelmäßig und öfter am Tag auf den Prüfstand stellen. Wie wir auf Menschen schauen und wie wir auf uns selbst blicken, hat enorme Auswirkungen. Bei der Entwicklung von Sensorship geht es darum, eine ganzheitliche feinsinnige Aufmerksamkeit für unser Denken, Fühlen und Agieren und Reagieren zu entwickeln, wozu uns das nächste Kapitel anleitet.

Arbeiten ohne (m)ich – Arbeiten mit mir

An unserem Institut arbeiten wir mit vielen Viel- und Gernleistern, die ihre Arbeitsweise umstellen wollen, und daher haben wir eine Alternative zum Funktions-Modus entwickelt: das Arbeiten (und Leben) mit Sensorship (Abb. 5).

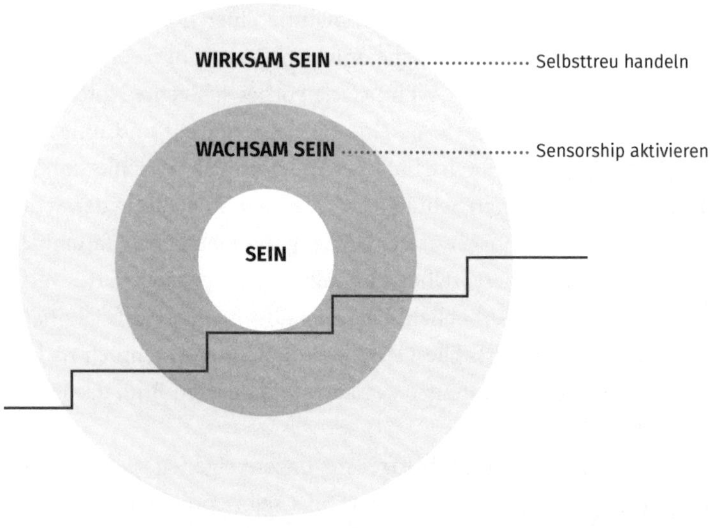

Abb. 5: Arbeiten mit mir: Wirksamkeit durch Sensorship

Bei der Arbeitsweise »Arbeiten mit mir« ist es zentral, ein gutes Sensorship zu entwickeln. Ein Zustand des Innehaltens ist notwendig, um diese Arbeitsweise zu beginnen. Ein Innehalten im eigenen Sein. Wir werden uns für einen kurzen Moment unserer individuellen Lebendigkeit bewusst. Rein und unverfälscht: *Ich bin und ich lebe*. Wenn ich mich mit diesem reinen *Sein* verbunden habe, das kürzer als eine Zehntelsekunde in Anspruch nehmen kann, kann ich nun meine Wachsamkeit, Aufmerksamkeit und Sensibilität (Sensorship) realisieren oder auch aktivieren. Was nehme ich wahr? Was sehe, höre, fühle ich? In mir selbst oder auch bei anderen Menschen oder in meiner Umgebung? Was denke ich? Und was erfahre ich über mein Denken und Fühlen? Daraus entwickeln sich die Impulse zum Handeln – oder auch zum Nichthandeln. Nur so lerne ich, meine Akkus an den richtigen Stellen aufzuladen und mich von Energieräubern fernzuhalten. Die Basis für ein erfolgreiches Energiemanagement ist also die Entwicklung eines guten Sensorship.

Wenn Sie dieses Prinzip des Sensorship ausprobieren, was passiert dann? Sie halten kurz inne und lassen bewusst zu, dass Sie sind. Einfach sein. Was nehmen Sie jetzt *in sich und außerhalb von sich wahr*? Was entdecken Sie alles auf welchen Ebenen? Welche Handlungs- oder Nichthandlungsimpulse entstehen? Eventuell ist es Ihnen nicht leichtgefallen, sich auf dieses Prinzip einzulassen. Der zweite Teil des Buches gibt Ihnen viele konkrete Anregungen, um bewusster und entspannter zu arbeiten und zu leben. Als Experte Ihres eigenen Wohlbefindens kommen Sie nicht umhin, sich selbst immer besser und differenzierter wahrnehmen und auch führen zu können. Auf diese Weise wirksam zu werden, bedeutet, sich während der Arbeit als lebendiges Wesen zu erfahren, unsere Sinne so differenziert wie möglich einzusetzen. Wir nutzen unsere Sinnesräume als Resonanzräume für unsere Navigation. Das Leben ist ein komplexer *Ort der Resonanz, wir selbst Teil eines wechselseitigen Systems*. Wir schalten immer wieder bewusst die Lampe des Bewusstseins an und reflektieren unsere Empfindungen, um dann zu erkennen, an welchen Stellschrauben wir drehen können, um unsere Lebensqualität zu verbessern. Konkret kann ich mich im Arbeitskontext fragen: Wie fühle ich mich in der Meetingsituation? Was nehme ich da wahr? Welchen Anteil habe ich an dem, was ich erlebe? Sehr differenziert zu sein, ist dabei sehr wichtig. Denn unsere Emotionen sind nicht etwas, das wie ein Regenschauer über uns hereinbricht. Neueste Erkenntnisse der Emotionsforschung belegen, dass wir unsere Emotionen gewissermaßen »machen«, dass wir ihnen also weniger ausgeliefert sind als bisher angenommen.[13] Unser Denken, Fühlen und Erleben bilden eine Einheit, die wir beeinflussen können. Wir können durch Reflexion viele Stellschrauben identifizieren, um Veränderungen zu erkennen und Themen an der Wurzel zu packen. Schalten wir also unsere Filter auf eine feinere, mikrogranulare Auflösung. Konkret können wir uns fragen: Was sehe ich? Was beobachte ich? Was höre ich? Inhaltlich und emotional? Was löst bei mir was aus? Wie bin ich daran beteiligt? An dieser Stelle wird es sehr spannend, aber auch faszinierend, denn wenn wir uns immer besser spüren, können wir uns auch besser lenken – das ist Lebensqualität und Wirksamkeit pur. Wir sind Instrument, Musiker und Dirigent zugleich, können Impulse wahrnehmen und weitergeben und auch *regulierend eingreifen*. Die Besonderheit von Sensorship liegt in der Betonung der verantwortlichen Interaktion zwischen uns selbst und der Welt. Unsere Selbst- und Welterfahrung sind untrennbar miteinander verbunden und daher gilt es, unsere mentale Perspektive immer auch selbstkritisch in den Blick zu nehmen. Ist mein Blick auf die Welt verzerrt, erlebe ich die Welt verzerrt. Dann kommen mir Mitarbeitende, Kunden, sogar Kollegen besonders schräg vor, dabei ist nur meine Linse an dem Tag getrübt. Mit einem aktiven Sensorship tappe ich nicht in die Falle, mich als Opfer wahrzunehmen, denn ich und die Welt stehen immer in einer wechselseitigen Beziehung und an meiner Linse kann ich im Zweifel immer mal nachschärfen.

Sensorship: Sein – Wachsam sein – Wirksam sein

Selfcare Next Level kann auch unser privates Leben durch die Entwicklung von Sensorship positiv beeinflussen. In welchen privaten Situationen werden meine Batterien aufgeladen? Welche persönlichen oder familiären Rituale möchte ich besonders gut pflegen? Was raubt mir Kraft und sollte verändert werden? Sensorship bezieht sich auch auf konkrete Themen wie Ernährung oder Bewegung: Wie *fühle ich mich*, wenn ich X gegessen oder Y getrunken habe? Wie fühle ich mich nach dem Sport? Oder ohne Sport = Wie reagiert mein Körper? Wie geht es mir psychisch? Erst durch diese immer differenziertere Selbstbeobachtung bauen wir unsere Expertise für uns selbst auf, an der wir uns orientieren können.

Je mehr wir die *Grobkörnigkeit des inneren Maschinenzeitalters* hinter uns lassen und *unsere Feinsinnigkeit wiederentdecken*, desto mehr werden wir *uns selbst nähren*.

Ein einfaches Beispiel im Zusammenhang mit dem Laufen: Wenn wir noch wenig Sensorship nutzen, neigen wir dazu, uns an äußeren Anforderungen zu orientieren. Dazu eignet sich alles, was wir messen können, weil es uns von außen bestätigt, dass wir »gut gelaufen« sind. Wearables werden unsere Coaches. Wenn sie uns zurufen, dass wir Bestzeit gelaufen sind, freuen wir uns. Das ist der Applaus der Zirkusarena für den Jongleur, nur dass er diesmal von einem Gerät kommt. Wenn wir lernen, wachsamer mit uns selbst umzugehen, werden wir variabler in der Qualität unseres Laufstils. An einem Tag fühlen wir uns energetisch fit, um einen Tempolauf zu trainieren. Wir werden Freude daran haben, schnell zu laufen, und uns freuen, wenn wir unseren Rekord laufen. An einem anderen Tag haben wir das Gefühl, dass unser Körper eher müde ist als in Form. Anstatt jetzt mein Programm durchzuziehen oder gar nicht zu laufen, erlaube ich mir, *erlebnisorientiert* statt *ergebnisorientiert* zu laufen. Ich bewege mich in einem für mich angenehmen Tempo. Ich spüre meinen Körper in der Bewegung. Ich nehme die frische Luft bewusst wahr und wähle eine Strecke, die mir an diesem Tag besonders guttut. So ist das Laufen ein Teil meines sensiblen Umgangs mit mir selbst. Wie es mir wirklich geht, erfahre ich durch die Art, wie ich laufe, oder umgekehrt.

Wir werden uns umso mehr selbst nähren, je mehr wir die Grobheit des inneren Maschinenzeitalters hinter uns lassen und unsere Feinsinnigkeit wiederentdecken.

Weil jeder Tag anders verläuft, empfehle ich keine starren Rituale. Natürlich ist es schön, sich einen Slot für Quality Time zu reservieren. Aber das, was ich in diesem Zeitfenster tue, muss auf mein eigenes Befinden abgestimmt sein. Etwas *einfach durchzuziehen*, gehört jedoch in die Mottenkiste des mechanistischen Selbstverständnisses. Auch wenn es sich um sogenannte Gesundheitsrituale handelt. Besser ist es, sich wachsam wahrzunehmen und dann zu entscheiden, was einem guttut.

Die Phasen des Wohlbefindens

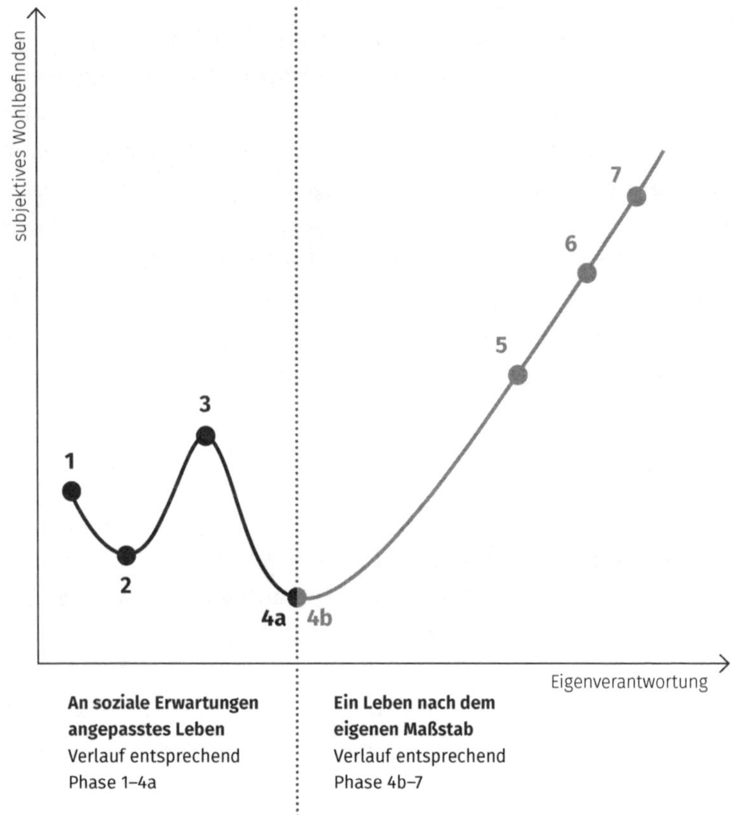

Abb. 6: Die INHESA-Phasen des Wohlbefindens

Wir befinden uns nun auf der Startbahn für den Flug zu unserem individuellen Wohlbefinden. Wie das Modell in Abb. 6 zeigt, kann die Reise etwas holprig sein, jedoch geht der Weg am Ende Richtung Himmel. Es handelt sich um folgende Phasen, die nachfolgend kurz vorgestellt werden:

Phase 1: Unbestimmtes Unwohlsein

Phase 2: Bewusstes Unwohlsein

Phase 3: Nutzung von Selfcare-Strategien

Phase 4: Selbst-Krise a) Das Alte geht nicht mehr – b) Entscheidung für Veränderung

Phase 5: Neu-Erfindung

Phase 6: Lebensqualität & Wirksamkeit

Phase 7: Selbsttreue

Es gibt zwei wichtige Hauptphasen, die grundsätzlich unterschieden werden können. In der ersten Hauptphase (Phasen 1–4) orientieren wir uns fast ausschließlich daran, was die *Außenwelt von uns erwartet.* Wir folgen dem *Drehbuch, das uns von anderen vorgegeben* wird, dem *Ought Self.* Die Vorstellungen darüber, wie wir sein sollten, können von konkreten Personen stammen, etwa von unseren Eltern, Freunden, Vorgesetzten oder anderen einflussreichen Personen. Es kann sich aber auch um internalisierte Anforderungen aus bestimmten sozialen Milieus handeln. Wir glauben, dass wir diesen Anforderungen entsprechen müssen, um »richtig« zu sein. Wir machen dann den Sport, den man machen muss, um dazuzugehören. Es geht in den Phasen 1–4 nicht darum, dem eigenen Maßstab zu entsprechen, wir sind stattdessen Meister darin, die Erwartungen anderer perfekt zu erfüllen. Erfüllen wir die Erwartungen, erhalten wir entsprechende Anerkennung und Applaus. Das nährt dann unser Wohlbefinden. Als soziale Wesen sind wir verführbar, uns den Erwartungen anzupassen, und deshalb ist es wichtig, *immer wachsam zu bleiben.*

Die zweite Hauptphase kann beginnen, sobald wir aufhören, die Ansprüche der anderen als unsere eigenen zu betrachten: Wir fangen an, unseren eigenen Maßstab zu definieren und *uns selbst ernst zu nehmen.* Dann folgen die Phasen 5–7, *die Selbstmaßphase*, auf die sich dieses Buch im Wesentlichen bezieht. Wir werden zu *Expertinnen und Experten für unseren eigenen Arbeits- und Lebensstil* und verantworten diesen auch gegen mögliche Kritik.

Zunächst bitte ich Sie, eine Einordnung vorzunehmen in Bezug auf Ihr allgemeines eigenes (subjektiv empfundenes) Wohlbefinden. Es geht um eine Momentaufnahme.

Wie steht es allgemein und aus Ihrem Bauch heraus mit Ihrem Wohlbefinden auf einer Skala von 1 bis 10? (10 = bester Wert, 1 = schlechtester Wert). Setzen Sie ein Kreuz unter dem Wert, der Ihnen spontan passend erscheint. Wichtig: Sie können nichts Falsches ankreuzen. Sie sind Experte Ihrer subjektiven Einschätzung! Trauen Sie also Ihrem Bauchgefühl und Ihrem ersten Impuls.

1	2	3	4	5	6	7	8	9	10
_	_	_	_	_	_	_	_	_	_

Und nun bitte ich Sie, vertiefend zu reflektieren. Mit welcher nachfolgend beschriebenen Phase können Sie sich momentan am meisten identifizieren?

Die 7 Phasen des Wohlbefindens – Eine Selbsteinordnung

1. Unbestimmtes Unwohlsein

Mein Leben beruflich und privat ist meistens ein undurchdringlicher Nebel, ein Chaos oder ein Leiden beziehungsweise beides zusammen. Ich fühle mich vom Leben verschaukelt. Beruflich und/oder privat läuft es nur mit echter Anstrengung. Andere haben es definitiv besser. Manchmal frage ich mich wirklich, ob das Ganze Sinn macht. Ich empfinde nur Anstrengung, Hektik und bin abends froh, wenn der Tag vorbei ist. Am nächsten Tag geht das gleiche Spiel wieder los.

2. Bewusstes Unwohlsein

Ich erkenne, dass es mir mit meinem Leben und in meiner Arbeitssituation nicht gut geht. Jetzt wird mir klar, dass ich wirklich nicht gut zurechtkomme. Das fühlt sich schlecht an und manchmal denke ich mir, dass es besser gewesen wäre, gar nicht hinzuschauen. Aber nun betrachte ich meine Situation und kann sie nicht mehr verleugnen. So geht's nicht mehr weiter. Ich habe aber noch keine oder nur wenige Ideen, was mir helfen wird, damit es mir besser geht.

3. Nutzung von Selfcare-Strategien

Ich tue etwas für mich und es geht mir schon viel besser. Wahlweise treibe ich nun Sport, ernähre mich gesünder, mache Pausen, habe Meditieren gelernt, interessiere mich für persönliche Weiterentwicklung. Ich komme mit meinem Alltagsstress besser klar, weil ich versuche, für guten Ausgleich zu sorgen. Manchmal allerdings vergesse ich, Sport zu treiben et cetera, dann geht's mir aber über kurz oder lang schlechter.

4a. Selbstkrise – Das Alte geht nicht mehr

Ich erhole mich nicht mehr wirklich. Montags bin ich nicht erholt nach dem Wochenende. Was ist nur los? Habe ich ein Leck im Tank? Ich empfinde große Verunsicherung. Mitunter bin ich so leistungsfähig wie früher, aber die Momente der Erschöpfung nehmen zu. Es wird immer schlimmer. Manchmal versuche ich, noch schneller zu laufen, noch effizienter zu werden. Aber immer öfter funktioniert das nicht. Ich bin mit mir überfordert.

4b. Selbstkrise – Entscheidung für Veränderung

So kann es nicht mehr weitergehen. Ich muss etwas für mich tun, etwas verändern. Nur was?? Vielleicht suche ich mal ein vertrauensvolles Gespräch? Oder muss ich gar in Therapie? Ich habe körperliche Symptome, die ich nicht mehr ignorieren möchte. Aber wie soll das gehen bei all der Verantwortung und den Aufgaben, die auf mir lasten? Es muss sich etwas ändern, ich muss mich ändern.

5. Neu-Erfindung

Jetzt bin ich dran in meinem Leben! Ich stelle mich in die erste Reihe – auf jeden Fall für mich selbst. Ich stelle mich selbst und meine Lebensbereiche auf den Prüfstand und schaue, was ich verändern kann und will. Ich nehme mich seit Langem mal wieder wahr und ernst. Es tauchen viele ambivalente Gefühle und Gedanken auf. Ich merke, dass es Zeit ist, einiges für mich selbst zu klären. Ist der Beruf / die Rolle der/die richtige für mich? Wie bin ich in meiner Partnerschaft aufgestellt? Welche Rolle habe ich in meiner Familie? Taugen diese Positionen noch? Wie ist mein Umgang mit mir selbst? Bin ich in der persönlichen Reife, die meiner Wunschvorstellung entspricht? Ich möchte mich mit meinen Wünschen, Zielen und Bedürfnissen auseinandersetzen. Es ist Zeit, *meinen eigenen Maßstab* für mein Leben zu definieren.

6. Lebensqualität & Wirksamkeit

Ich habe die wesentlichen Aspekte in meinem Leben und vor allem meine Rolle und mein Selbstverständnis auf ein neues Niveau gehoben. Nur noch ein Leben, das **mit mir** und **nicht ohne mich** verläuft. Nun bin ich einen enormen Schritt weiter. Ich habe beruflich und persönlich Position für meine Bedürfnisse bezogen und innerlich und äußerlich für Klärung gesorgt. Ich weiß, dass ich mich aktiv um mein Wohlbefinden kümmern kann. Ich habe meine Stressoren gut im Blick und gleiche diese meistens aus. Manchmal verliere ich mich noch aus dem Blick, aber viel seltener als früher.

7. Selbsttreue

Ich fühle mich sehr wohl mit mir, meiner Arbeit und meinem Leben. Ich lebe das, was mir wirklich wichtig ist. Ich kann mich engagieren nach meinen Stärken, Werten und Fähigkeiten, kann mich abgrenzen, wenn Grenzen gefragt sind. Ich bin so stabil, dass ich auch mal schwierige Momente oder Phasen gut aushalten kann, weil ich grundsätzlich im für mich richtigen Leben stecke. Würde etwas sehr Schwerwiegendes in meinem Leben passieren, könnte ich damit konstruktiv umgehen. So kann ich mich unabhängig fühlen und sein. Ich lebe im höchsten Maße eigenverantwortlich.

In welcher Phase erkennen Sie sich am ehesten wieder? Wo Sie sich auch befinden, Sie können sich entscheiden, Ihr Leben mehr und mehr selbst in die Hand zu nehmen. Stellen Sie sich in den Mittelpunkt und übernehmen Sie Verantwortung für sich selbst. Die Erkenntnis, dass Sie das Heil nicht von außen bekommen können, kann Sie für kurze Zeit in eine Krise stürzen. Manchmal entfernt Sie die Superhelden-Falle von Ihrem Selbst. Aber Sie können sich immer wieder für sich selbst entscheiden.

ESSENZ FÜR EILIGE

Der Weg zur eigenen mentalen, emotionalen und körperlichen Stabilität und Energie ist individuell. Es gibt keine allgemeingültigen Antworten für eine erfolgreiche Selbstfürsorge.

Die Basis für ein erfolgreiches Energiemanagement ist die Entwicklung eines guten Sensorship. Sensorship ist die Fähigkeit, Signale von innen und außen – auf der körperlichen, der geistig-emotionalen und der sozialen Ebene – wahrzunehmen, zu filtern, zu regulieren und auf dieser Grundlage zu handeln.

Das menschliche Mindset neigt zu »innerem Lärm«. Es braucht mentale Hygiene, damit sich ein Mensch wieder im Zustand vollkommener Leistungsfähigkeit fühlt, offen und kreativ arbeiten kann.

Die Besonderheit von Sensorship liegt in der Betonung der verantwortlichen Interaktion zwischen dem Selbst und der Welt. Selbst- und Welterfahrung sind untrennbar miteinander verbunden: Ich und die Welt stehen in einer wechselseitigen Beziehung.

Ein gutes Sensorship setzt voraus, dass sich ein Mensch selbst zum Experten in Bezug auf sein eigenes Wohlbefinden macht. Ganzheitliches Wohlbefinden braucht Eigenverantwortung und bleibt begrenzt, wenn ein Mensch im Schwerpunkt nach dem Drehbuch anderer lebt, also internalisierte oder tatsächliche soziale Erwartungen erfüllt.

TEIL 2

Die 7 Selfcare-Next-Level-Strategien

Erste Strategie: Haltung statt Charakter

Unsere Haltung entscheidet darüber, wie wir die Welt erleben und wie wir uns selbst erleben. In der Wahl unserer Haltung sind wir frei.

Das Schluchzen des siebenjährigen Mädchens war so laut, dass es versteinerte Herzen hätte erweichen können. Auf dem Heimweg vom Einkaufen war sie an der Seite ihrer Mutter auf dem Asphalt ausgerutscht und zu Boden gestürzt. Tränen rannen über Leilas Gesicht und eine Mischung aus schmerzerfülltem Stöhnen und verzweifeltem Ringen nach Luft wechselten sich ab. Das Leid schien unendlich und hatte den kleinen Menschen fest im Griff. Dann, von einer Sekunde auf die andere, verstummte das Mädchen. Die Mutter, die sie empathisch beruhigen wollte, blickte fassungslos in das Gesicht der Kleinen. »Ich merke gerade, dass ich nur weine, weil ich deinen Trost genieße«, sagte das Mädchen in klarem Ton. »Wenn ich ganz ehrlich bin, tut mir nämlich gar nichts mehr weh.« Noch bevor die Mutter begriff, was ihre Tochter da gesagt hatte, fügte die Kleine hinzu, dass sie jetzt noch ein bisschen weinen werde, aber nicht mehr lange, denn dann wolle sie weitergehen, um sich gleich mit ihrer Freundin zum Spielen zu treffen.

In dieser kleinen Geschichte des Kindes steckt alles, worum es in diesem Kapitel geht: um die menschliche Eigenschaft, schmerzhafte Gefühle zu empfinden, um die Fähigkeit, diese auch aus einer gewissen Distanz zu betrachten, und um die Entscheidung, mit welcher Haltung man nun weitermachen will. Die eigene Haltung selbst beeinflussen zu können, ist ein Hebel zu emotionaler Freiheit und Selbstbestimmung.

Wir Menschen nehmen in jedem Moment eine Haltung ein. Wir haben eine Haltung zu uns selbst, zu Themen und zu anderen Menschen. Haltungen geben uns Orientierung. Allerdings sind wir uns ihrer im Alltag nicht immer bewusst. Sie entstehen einfach – jenseits unseres Bewusstseins oder gar unserer Kontrolle. So erscheint es jedenfalls. Auch körperlich nehmen wir im Alltag meist unbewusst eine bestimmte Haltung ein, sei es im Sitzen oder Stehen, mal gerade, mal gebeugt oder schräg. Körperlich merken wir Fehlhaltungen erst, wenn sie zu lange andauern und die Belastung zu groß wird. Dann wird es schmerzhaft und das entstandene Ungleichgewicht muss durch Physiotherapie oder Ausgleichssport korrigiert werden. Ähnlich verhält es sich mit mental-emotionalen Fehlhaltungen. Wer gut für sich sorgen will, sollte die eigenen mentalen Fehlhaltungen erkennen und korrigieren lernen.

Die Tatsache, dass wir uns unserer mental-emotionalen Haltungen meist nicht bewusst sind, hat mich in meiner Arbeit als Coach zu einem der wichtigsten Gamechanger überhaupt geführt: der mentalen Selbstregulation. Bei der *Selbstregulation* geht es darum, Menschen in die Lage zu versetzen, ihre Haltungen zu sich selbst, zu Themen oder anderen Menschen bewusst zu reflektieren und bei Bedarf zu verändern. Das von meiner langjährigen Kollegin Dr. Petra Bock entwickelte Haltungsdreieck[14] wurde zu einem wichtigen Modell in meiner Arbeit. Mit ihm können Menschen in Sekundenschnelle eigene dysfunktionale Haltungen erkennen und vor allem auflösen. Das *Haltungsdreieck* unterscheidet drei verschiedene Haltungen: die Haltung des selbstwirksamen Erwachsenen-Ichs, die am besten für uns ist, die Haltung des ohnmächtigen Kind-Ichs und die des allmächtigen Eltern-Ichs. Die Haltung des Erwachsenen-Ichs ist *aufrecht*, balanciert, sich selbst und anderen gegenüber fair. Die anderen beiden Haltungen sind *schiefe* Haltungen, also *Haltungsstörungen*. In der Kind-Ich-Haltung gebe ich meine komplette Selbstverantwortung ab und baue darauf, dass andere für mich Lösungen finden. In der Eltern-Ich-Haltung übernehme ich Überverantwortung, will die Kontrolle und dominiere mit meiner Sicht die Dinge, weil ich zu wissen meine, wie das Leben zu laufen hat. Vielleicht tauchen nun vor Ihrem inneren Auge Menschen aus Ihrem beruflichen Umfeld auf, denen Sie gleich die ein oder andere Haltung zuordnen können? Wenn wir den Blick für das Haltungsthema schärfen, können wir nämlich schnell analysieren, in welchen Haltungen sich andere befinden. Und das funktioniert genauso für die Reflexion über die eigenen Haltungen. Seit vielen Jahren erlebe ich, wie schnell diesbezüglich bei Menschen die Würfel der Erkenntnis fallen. Denn die Veränderung von Haltungen funktioniert ganz unkompliziert, ohne jahrelange Aufarbeitung kindlicher Erfahrungswelten und unabhängig von den Grundpersönlichkeiten meiner Klienten. *Selbstregulation* geht schnell, ist effektiv und führt uns in eine eigenverantwortliche *Wirksamkeit,* die uns erdet und handlungsfähig macht.

Selbstregulation scheint mir daher der einfachste und schnellste Weg zu eigener Kraft und Wirksamkeit zu sein und damit der Schlüssel zur Selfcare-Next-Level-Kompetenz. Wenn wir lernen, unsere mentale Haltung gut zu steuern, ersparen wir uns viel Stress. Charakterzüge sind in der Regel unveränderlich. Mit dem Thema Haltung und Selbstregulation hingegen betreten wir die Welt der Veränderbarkeit und Flexibilität – und das kann nur guttun. Viel zu oft versuchen wir, auch im Geschäftskontext an unserem Verhalten zu schrauben. Wir wollen wertschätzender kommunizieren oder klar nein sagen. Aber vielleicht sind wir in einer schiefen mental-emotionalen Haltung? Besteht diese im Moment vielleicht vor allem darin, es allen recht zu machen? Das würde im Haltungsdreieck von Dr. Bock dem Kind-Ich entsprechen. Oder übernehmen wir in unserer Haltung zu viel Verantwortung und haben den Anspruch, alles allein zu lösen? Das wäre dann eine Eltern-Ich-Haltung. Vermutlich werden wir dann nichts von unseren To-do-Listen streichen können, auch wenn wir es wollen. Es geht also darum, in eine geerdete Grundhaltung zu kommen, die ausbalanciert und weder *under-* noch *overpaced* ist. Ein gesundes *Pacing* entsteht im balancierten Zustand. Der Begriff *Pacing* wird im Aktivitäts- und Energie-Management unter anderem beim chronischen Müdigkeitssyndrom ME/CFS verwendet (zu übersetzen etwa mit: »sich selbst das richtige Tempo vorgeben«). Entwickelt wurde das heutige Pacing von ME/CFS-Forschenden und -Erkrankten in den 1980er Jahren, federführend von der Wissenschaftlerin Ellen Goudsmit.[15]

Charaktermerkmale sind fix. Haltungen sind veränderbar!

Wenn wir *gut geerdet* und *im Kontakt mit uns selbst* sind, sind wir handlungsfähig und wirksam. Zudem können wir unser Verhalten leichter ausrichten, wenn wir uns über unsere Haltung im Klaren sind. *Haltungen sind durch uns selbst veränderbar* – auch im beruflichen Kontext! Wir sind in der Lage, unsere Haltungen zu reflektieren, zu entwickeln und auch zu verändern. Jederzeit! Es geht also um eine *kontinuierliche freiwillige Selbstkorrektur*, das Runter- oder Hochfahren in den richtigen Pace.

Auch unsere Haltungen zu bestimmten Themen sind veränderlich. Vielleicht hatten Sie früher eine andere politische Haltung als heute? Vielleicht haben Sie heute eine andere Haltung zu Ihrem Körper, zur Ernährung, zum Sport oder zur Ordnung? Haltungen zu Themen können und dürfen wir verändern. Das tut gut, denn es hat etwas mit persönlicher Entwicklung zu tun.

Klären Sie also Ihre Haltungen, damit Sie ein möglichst stabiler Mast sein können, auch wenn der Wind weht, die Gischt Ihnen ins Gesicht spritzt und die Segel flattern.

Das Thema Haltung ist nicht neu, aber es lohnt sich, ihm gerade im Zusammenhang mit Selbstfürsorge Raum zu geben. Im Thema Haltung steckt viel begründete Hoffnung. Und begründete Hoffnung ist ein wichtiges Gefühl, gerade dann, wenn äußerlich vieles außer Kontrolle zu geraten scheint. Über unsere innere Haltung nachzudenken, heißt, über die Bastion unserer menschlichen Selbstbestimmung, unserer Eigenverantwortung und unserer inneren Zuflucht zu sprechen. Eine eigene Haltung einzunehmen, ist eine persönliche Entscheidung jedes Einzelnen und erfordert weder besondere Vorkenntnisse noch einen bestimmten Charakter oder bestimmte äußere Bedingungen.

Konrad Adenauer, der erste Bundeskanzler der Bundesrepublik, soll gesagt haben: »Wenn wir nicht mehr in der Lage sind, eine Situation zu ändern, dann sind wir aufgefordert, uns selbst zu ändern.« Die Arbeit an unserer Haltung, also unsere *Selbstregulationskompetenz*, ist dabei unser wirksamster Hebel. Gerade in beruflichen Kontexten hilft es, sich dieses inneren Freiraums zur Gestaltung bewusst zu sein. »Jeder und jede von uns hat Macht, mindestens über uns selbst. Ob wir sie wollen oder nicht. Und mit dieser Macht haben wir eine Gestaltungskraft in jedem System, in dem wir uns bewegen«, wie es Constanze Buchheimer auf den Punkt bringt.[16] »Und dieser Raum ist wie ein Raum um mich herum, der immer mit mir mitläuft.« In diesem uns permanent zur Verfügung stehenden Raum bestimmen wir unsere Haltung zu allem und damit maßgeblich, wie wir die Welt erleben beziehungsweise wie wir uns selbst erleben. Eine Haltung können wir immer und in jeder Situation einnehmen.

Wir sind frei zu wählen, wie wir zu uns selbst und zu den Dingen stehen.

Menschen in Führungsrollen schätzen in der Regel das Gefühl, Dinge gestalten und beeinflussen zu können. Früher nannte man diese Lust auf Einfluss Macht und Machtstreben. Das Wort Macht ist heutzutage negativ belegt, vermutlich weil viele Menschen Opfer von Machtmissbrauch geworden sind. Sprechen wir also lieber von der Lust, gestaltend Einfluss nehmen zu wollen. Als Führungskraft sind wir grundsätzlich gern in der Rolle des Gestalters oder der Gestalterin. Umso ärger trifft es uns, wenn wir mit Störungen konfrontiert werden. Das kann eine plötzliche Strategieänderung des Mutterkonzerns sein, die ein Projekt oder eine Abteilung auflöst, das kann die Kündigung eines wichtigen Mitarbeitenden oder auch eine äußere Krise wie eine Pandemie sein. Unsere sommerliche Ausfahrt mit dem Fahrrad wird jäh gestoppt. Jemand oder etwas steckt uns etwas Sperriges in die Speichen. Knacks. Schon sind wir ausgebremst und werden zu Fall gebracht, gerade in dem Moment, als es ganz gut zu laufen schien. Was für ein Mist! Weg ist unsere Möglichkeit, die Dinge nach unseren Vorstellungen zu gestalten. Nun stellt sich in unserer Gefühlswelt etwas Ähnliches ein wie bei dem kleinen Mädchen vom Kapitelanfang: ein Schock, unmittelbar gefolgt von einem emotionalen Aufruhr. Fassungslosigkeit, Schmerz, Ohnmachtsgefühle – wir klagen laut oder zumindest innerlich – und können nicht fassen, was gerade passiert. So weit ist dies eine normale Stressreaktion, die sich auch am Anstieg des Cortisols und Adrenalinspiegels, des Blutdrucks und der Atemfrequenz zeigt. Wir sind im Fight-or-Flight-Modus: Unser Körper ist bereit, anzugreifen oder zu fliehen. Auf diese körperliche Stressreaktion haben wir keinen Einfluss. Wenn es sich um einen Einschnitt in unsere Arbeit handelt, der mit einem Kontrollverlust einhergeht, reagieren wir als Menschen einfach so. Unser Führungsalltag besteht heute oft aus einer Aneinanderreihung permanenter Veränderungen. Die neue Konstante ist die Veränderung. Wir werden uns also wohl nicht mehr lange in einer Komfortzone aufhalten. Anders gesagt: Gemütlich wird es auf absehbare Zeit nicht. Wie können wir uns mit diesem Wissen trotzdem gut aufstellen, damit wir nicht vor lauter Stress unsere Gesundheit gefährden?

Um noch etwas besser zu verstehen, was im Stress-Modus mit uns passiert, ist es hilfreich, auch die psycho-emotionalen Prozesse zu betrachten. Menschen geraten im Stress nicht nur körperlich in einen Fight-or-Flight-Modus, der mangels Säbelzahntigern aus der Zeit gefallen ist. Auch unsere mentalen Stressmuster sind *aus der Zeit gefallen*. Mental verfallen wir in dysfunktionale Haltungen. Wir sollten diese also in den Blick nehmen, wenn wir uns der Verzerrungswelt des Säbelzahntigers nicht komplett ausliefern wollen. In meiner Arbeit mit Führungskräften konnte ich beobachten, dass die Geschichten, die mit schwierigen Gefühlen zu tun haben, zwar individuell sind, aber dennoch einen gemeinsamen Grundton haben: den *Ton der Dramatisierung*. Deshalb nenne ich das Phänomen, das ich beobachte, die dramatisierende Haltung (*Drama Self*). Wir Menschen scheinen, wenn wir mit Veränderungen konfrontiert werden, in eine dramatisierende Attitüde zu verfallen. Ich stellte zudem fest, dass sich bestimmte Muster zu wiederholen scheinen. Aus der Drama-Self-Haltung heraus sehen wir die Welt und uns selbst wie in einem Film. Alles um uns herum erscheint größer, extremer und vor allem radikal und schwarz-weiß. Und auf diese verzerrte Wahrnehmung reagieren wir mit entsprechend aufgeheizten Gefühlen, oft mit übertriebenen Ängsten. Um es an einem Beispiel zu verdeutlichen: Sollten Sie kein entspanntes Verhältnis zu Spinnen haben, werden Sie in dem Moment, in dem Sie ohne Vorwarnung auf eine Spinne treffen, blitzschnell in den Drama-Modus verfallen: Das Herz rast, die Atmung wird schneller und das eigentlich kleine Tier wird in Ihrer verzerrten Wahrnehmung zu einem mindestens handtellergroßen Biest, das Sie mit Sicherheit in der nächsten Sekunde angreifen wird. Denn so sind sie, die heimischen Spinnen: fiese, tödliche Blutsauger mit Killerinstinkt. So jedenfalls das überzeugte Denken und Fühlen des Menschen im Drama-Modus. Das zeigt unsere Neigung im Drama-Modus zu mentalen Verzerrungen. Wie bei unseren körperlichen Stressreaktionen sind wir auch unseren mentalen Reaktionen zunächst völlig ausgeliefert. Aber mit dem Wissen um dieses Phänomen können wir – mit etwas Erfahrung – schon während unserer Drama-Phase in eine wertschätzende Selbstbeobachtung und in die Beobachtung unseres Kopfkinos einsteigen. Das Schmunzeln über uns selbst wird sich dann schneller einstellen. Unter Stress fallen wir also mental in einen archaischen Modus, in dem uns das Reptilienhirn antreibt und in unserem Kopf abenteuerliche Filme produziert: über den Kampf um Leben und Tod, über Angst, Lebensbedrohung, ungefilterte Wut. Alles völlig übertriebener »mentaler

Dis-Connection führt zu verzerrter Wahrnehmung mit hoher Dramatisierungstendenz.

Mist«. Wir ahnen, dass wir in dieser Stimmung keine klugen Entscheidungen im Arbeitskontext treffen können. Zumal man auch in diesem Modus fest von der eigenen Wahrnehmung überzeugt ist. In akuten Stresssituationen regen wir uns auf, sind laut, schreien und fühlen uns zweifellos im Recht – ein schwieriger Zustand nicht nur für uns selbst, sondern natürlich auch im Umgang mit anderen. Im Drama-Modus mit seiner verzerrten emotionalen Wahrnehmung können wir auch andere in den verzerrten Strom mit hineinziehen!

Doch kommen wir zu uns selbst zurück und zu unserer Option der Selbstregulation. Um gut durch Krisen zu kommen, sollten wir unsere eigenen Stressoren und was diese mental mit uns machen, einordnen können. So verhindern wir, dass wir in einen sich immer mehr aufschaukelnden Teufelskreis geraten, der nicht nur sehr viel Energie kostet, sondern auch die Gefahr birgt, falsche Entscheidungen zu treffen. Stellen Sie sich vor, der Spinnenphobiker sollte das Spinnenproblem lösen. Aus seiner verzerrten Drama-Haltung heraus würde er wahrscheinlich Tonnen von Pestiziden bestellen oder den Abriss des Hauses planen. Die Drama-Haltung ist wirklich kein guter Ratgeber, und wir Führungskräfte sind dringend angehalten, unsere *Haltungen in die Balance* zu bringen, da wir sonst nicht nur *unnötig viel Energie verschwenden*, sondern auch Gefahr laufen, *inhaltlich falsche Entscheidungen* zu treffen. Es ist daher eine wichtige *Selfcare-Next-Level-Strategie*, sich um die eigene *mentale Hygiene* zu kümmern.

Die Wahrnehmung für sich selbst schärfen: Self-Awareness

Um die eigene Drama-Haltung erkennen zu können, müssen wir den eigenen Zustand bewusst wahrnehmen und lesen lernen. Bin ich emotional stark angespannt oder fühle ich mich unter Druck gesetzt? Ebenso empfiehlt es sich, die eigenen Gedanken bewusst wahrzunehmen. Was geht in mir vor? Haben sich meine Gedanken über die Unlösbarkeit einer Situation gerade als »innerer Lärm« verselbstständigt? Befinde ich mich im Strudel immer gleicher Gedankengänge? Bin ich

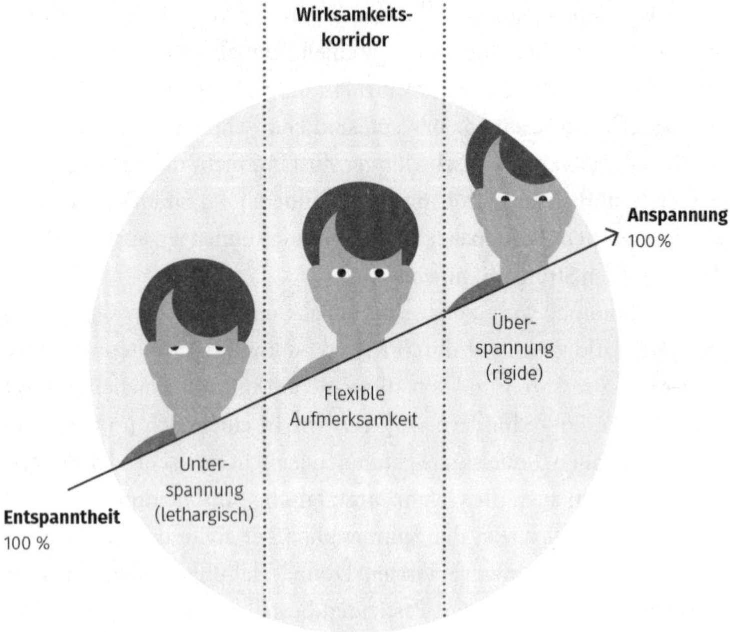

Abb. 7: Self-Awareness: Überspannt, unterspannt oder flexibel aufmerksam? Den eigenen Zustand lesen zu lernen, ist wichtig.

im Spinnen-Psychothriller-Modus? Menschen, die schon etwas Erfahrung mit dem Erkennen des eigenen Zustands haben, merken schnell, ob sie gerade in die Drama-Haltung gerutscht sind.

Wir sind immer in einem *wirksamen Modus* (in der Mitte) oder in einem *unwirksamen Modus* (überspannt oder unterspannt) (wie in Abb. 7 dargestellt). Der Zustand von Wirksamkeit lässt sich beschreiben als ein Zustand von Nähe zu uns selbst und zur Realität, mit einer offenen, flexiblen und aufmerksamen Wahrnehmung.

Zurück zur dramatisierenden Haltung. Das Fatale an der inneren dramatisierenden Haltung ist, dass sie das innere Drama selbst schürt und dass es keinen natürlichen Ausweg aus dem dramatischen System gibt. Es gibt keine innere Wahl oder Freiheit mehr, denn in einem Drama gibt es nur eine kleine, festgelegte Auswahl an Rollen, die sich gegenseitig befeuern oder triggern: Wir sind entweder Superhelden *oder* Opfer (Victim). Eigentlich immer beides, auch wenn das auf den ersten Blick absurd erscheint. Denn die Welt des mentalen Dramas besteht immer aus *Selbstaufopferung*. Man opfert sich und zahlt den Preis der Selbstaufgabe. Dieses Opfer kann durch exzessive, von sich selbst getrennte Aktivität erbracht werden, dann sind wir Superhelden. Oder es wird durch hilflose Hingabe, also durch übertriebene Passivität erbracht, dann sind wir im Opfer-Modus (Victim).

Es gibt zwei Arten von Superhelden, die beide dominant agieren: die *aktionistischen Superhelden* und die *missionarischen Superhelden*.

Der aktionistische Superheld (Abb. 8) schafft Fakten und nimmt Dinge einfach in die Hand: Der Beifahrer greift dem Fahrer ins Lenkrad.

»Ich mache es schnell selbst, weil ich allein weiß, wie es am besten geht. Schnelle Lösungen müssen her. Ich kann das und mache das. Alles hängt allein von mir ab. Wenn ich mich nur noch mehr anstrenge, krieg ich es hin! Geht nicht gibt's nicht.«

Gefühl: Ich strenge mich an, weil sonst alles gegen die Wand fährt.

Der missionarische Superheld (Abb. 9) agiert in Form idealistischer, missionarischer Bevormundung, einer Art Wertepolizei, die ihre Ideale ungefragt anderen aufzwingt, sei es nach innen, sei es kommunikativ nach außen getragen. Der Duktus ist ein moralisch erhobener Zeigefinger, der mal streng, mal beschwichtigend mahnt, nach eigenen Maßstäben korrekt zu sein, und bei Fehlverhalten die Nase rümpft: »Wenn ihr nicht nach *diesen* Werten denkt, dann seid ihr *nicht in Ordnung*!«

»Mein Wertekanon ist absolut der einzige und richtige. Andersdenkende sind auf dem falschen Weg, den ich zu korrigieren weiß. Ich muss die Welt auf den richtigen Wertepfad bringen, sonst passiert Schlimmes.«

Gefühl. Ich muss dringend die Welt retten! Wenn alle endlich nach meinen Vorstellungen leben würden, wäre alles gut.

Beide Formen des Superheldentums unterlaufen die Idee der Begegnung auf Augenhöhe unter mündigen Erwachsenen und sind daher auch energetisch sehr anstrengend. Eine Führungskraft im Superhelden-Modus strengt sich subjektiv ständig an, aber die Anstrengung führt lediglich zur eigenen Ermüdung.

Abb. 8: Aktionistisches Superheldentum: Bevormundendes Verhalten (Drama Self Hero)

Abb. 9: Missionarisches Superheldentum: Bevormundender Idealismus (Ebenfalls Drama Self Hero)

In der täglichen Führungspraxis zeigt sich Superheldentum in vielen Facetten: Die einen Führungskräfte trauen ihren Mitarbeitenden keine eigenen Lösungen zu, machen deshalb alles selbst und überfordern sich. Die anderen Führungskräfte wollen aus einem übersteigerten Werteverständnis heraus ihren Mitarbeitenden keine unliebsamen Aufgaben übertragen und machen deshalb alles selbst oder sie rümpfen innerlich die Nase, weil sie finden, dass Mitarbeitende eigentlich andere Werte vertreten und zeigen müssten. Beides sind Formen von unglücklichem Superheldentum, die Selbstaufopferung nach sich ziehen.

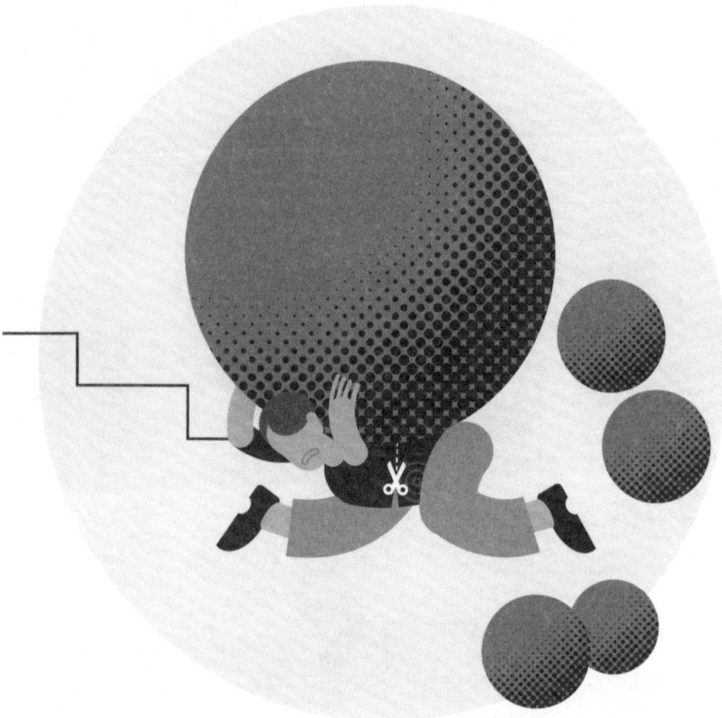

Abb. 10: Wir verlieren das Gefühl der Handlungsfähigkeit, wenn wir in eine mentale Opferhaltung (Drama Self: Victim) verfallen.

Dem Superheldentum steht wie beschrieben psycho-emotional das Opfer gegenüber (Abb. 10). In der dramatisierenden Opferhaltung sind wir entweder still und überangepasst oder planen einen rebellischen Gegenangriff. In der stillen Opferhaltung fühlen wir uns völlig einflusslos und passiv in ein Leiden gedrängt, was sich je nach Persönlichkeit in Jammern, Weinen und Klagen äußert. Die andere Seite des Opfers zeigt sich rebellisch, trotzig, will sich gegen die niederknüppelnde böse Macht wehren. Kommen mehrere Personen in einer dramatisierenden Opferhaltung zusammen, entstehen Jammer- und Lästerrunden. In unserem Inneren können dann Gefühle von vollkommener Ohnmacht unseren Mitarbeitenden gegenüber bestehen und dass wir einfach alles, was einem geboten wird, still auszuhalten haben. Auch das Gefühl, »jetzt auch keinen Bock mehr zu haben«, kommt aus der Victim-Haltung.

Victim-Haltung: Ich bin Opfer der Umstände und anderer Menschen. Ich fühle mich der Willkür und dem Leben ausgeliefert. Ich werde schikaniert und ausgebeutet.

Gefühl: Ich bin ein ausgeliefertes Opfer von Maßnahmen und Strukturen, die mich in eine ausschließlich passive Ecke drängen, und es kann mir nur schlecht gehen, es sei denn, ich plane einen Umsturz. Ich glaube nicht mehr an die Kraft von Ehrlichkeit, Wirksamkeit und Transparenz. Ich glaube auch nicht an den Dialog.

Welche Rolle würden Sie als Führungskraft wählen, wenn Sie Teil eines Dramas wären? Im Zweifelsfall würden Sie wohl eher den aktiven oder idealistischen Superhelden wählen, oder? Auf den ersten Blick eine gute Wahl! Aber Vorsicht, auch in dieser Rolle geraten wir in den Teufelskreis der Selbstaufopferung, der uns von uns selbst trennt und uns am Ende die Kraft raubt. Die Lösung, weil Los-Lösung aus dem mentalen Irrsinn, ist die selbstwirksame Real-Self-Haltung. Die selbstwirksame Haltung ist energetisch ausgeglichen, angemessen und differenziert, also nicht in Extremen unterwegs (Abb. 11) Wenn ich mich in einem selbstwirksamen Modus befinde, bin ich offen für Optionen und Handlungen. Die Welt im selbstwirksamen Modus ist nicht immer voller Sonnenschein, aber ich fühle mich wirksam und zutrauend in der Welt. Ich bin in gutem Kontakt mit mir, meiner Umwelt und der Realität. Selbstwirksamkeit ist das Gegenteil von Machtspielen. Geprägt wurde der Begriff »Selbstwirksamkeit« übrigens von dem amerikanischen Psychologen Albert Bandura. Er beschreibt die Überzeugung, dass wir in der Lage sind, schwierige Situationen und Herausforderungen aus eigener Kraft erfolgreich zu bewältigen.

Selbstwirksamkeit bedeutet, persönliche Verantwortung für das eigene Denken, Fühlen und Handeln wahrzunehmen, diese anzunehmen und gestalten zu wollen.

Selbstwirksamkeit ist der Schlüssel zu allem, was im Berufsleben wichtig ist. Wir sind offen, sensibel und lernfähig und entwickeln neue Strategien, wenn alte nicht mehr funktionieren. Wir finden tragfähige Lösungen, wir kommunizieren klar und eindeutig. So entsteht eine gesunde soziale Nähe beziehungsweise Distanz auf Augenhöhe mit anderen Menschen.

Abb. 11: Selbstwirksamer Modus (Real Self)

Real-Self-Haltung: »Ich nehme mich und die Situationen, in denen ich stecke, ernst und wahr. Ich habe einen guten Kontakt zu mir und anderen. Ich weiß, was ich bewirken kann und was nicht, und mir ist klar, dass ich nicht alles selbst lösen kann. Ich akzeptiere meine Grenzen und mache diese deutlich.«

Gefühl: Ich bin ein fähiger Mensch mit Stärken und Grenzen. Ein Mensch unter Menschen. Ich habe immer Einfluss, zumindest auf meine eigene Haltung, und ich werde beeinflusst.

Aus meiner Coachingpraxis

Stefanie H. kam zu mir ins Coaching, weil sie an der Verbesserung ihrer Führungskompetenz arbeiten wollte. Anlass für das Coaching war ein in einigen Aspekten schlechtes Feedback ihres Teams zu ihrem Führungsstil. Stefanie gehörte zum Typ des sympathischen Gern- und Vielleisters und war daher sehr motiviert, an sich zu arbeiten, damit sie beim nächsten Feedback besser abschneiden würde. Ihre Schilderung dessen, was man an ihr kritisiert hatte und was dieses Feedback mit ihr gemacht hatte, zeigte, dass Stefanie vor lauter Stress in die Superheldinnen-Falle zu tappen drohte. Für sie bedeutete das Feedback ihres Teams eine persönliche Kränkung, denn aus ihrer Perspektive agierte sie sehr engagiert, auch wenn ihr bewusst war, dass sie alles andere als perfekt war. Leider sind Kränkungen und überhöhte Selbstansprüche der perfekte Nährboden, um in die Superhelden-Falle zu geraten. So auch bei Stefanie, was sich deutlich an den Ansprüchen und Wünschen gegenüber sich selbst ablesen ließ: Sie müsse weniger Erwartungen an ihre Mitarbeitenden aussprechen, um keinen Druck aufzubauen, sie müsse mehr Wertschätzung zeigen und häufiger für eine persönliche Kommunikation mit den Teammitgliedern zur Verfügung stehen. Sie müsse die unfairen Vergütungsstrukturen des Unternehmens mit Überfreundlichkeit und Charisma kompensieren, um die Mitarbeitenden zu binden. Nicht zuletzt müsse sie die unprofessionell vorgetragenen, zum Teil übergriffigen Feedbacks ihrer Mitarbeitenden weglächeln.

Als wir die von ihr gewünschten Ziele detailliert zusammengetragen hatten, stellte ich ihr das Modell der unterschiedlichen Haltungen vor. »Kann es sein, dass ich gerade eine idealistische Superwoman sein will?«, fragte sie, ohne zu zögern. Das Unbehagen, das durch das schlechte Feedback ausgelöst wurde, hatte sie unbewusst in die Superhero-Haltung katapultiert. Aus dieser Haltung heraus hatten sich ihre Ansprüche geformt und würden sie, wenn sie diesen Weg weitergehen würde, über kurz oder lang in eine tiefe Erschöpfung führen.

Die eigene Haltung auf den Prüfstand zu stellen, hilft uns auch mittelfristig, in unserer Kraft zu bleiben.

»Und jetzt?«, fragte sie unsicher. Sie schien gerade in den hilflosen Opfer-Modus gerutscht zu sein. Jetzt ging es darum, zu einer ausgewogenen, realistischen Betrachtung des Themas zu kommen. Ich schlug ihr vor, alle Ansprüche aller Stakeholder durch einen Fairnessfilter laufen zu lassen. Dieser Filter sortiert overpacete (Superheld) und unterpacete (Victim) Ansprüche aus. Übrig blieben die Aufgaben, die meine Klientin auch ohne Superkräfte als machbar und motivierend empfand. Am Ende unserer Sitzung stand ein sehr differenzierter Plan: Sie wollte die Kommunikation mit ihren Teammitgliedern anders und effektiver angehen. Vor allem, wenn sie selbst unter Druck stand, wollte sie das Team mit einer anderen Haltung ansprechen. Zudem entwickelten wir einen Plan für ein klares Gespräch mit ihrem Vorgesetzten. Ziel dieses Gesprächs sollte es sein, für sich selbst eine Grenze zu ziehen und zu definieren, was machbar ist und was nicht – auch gegenüber ihrem Vorgesetzten sollte Stefanie aus der Rolle der Alles-möglich-Macherin und Superwoman herauskommen.

Die Haltungsarbeit führte bei Stefanie zu einem kompletten Strategiewechsel. Wäre Stefanie ohne die Reflexion im Coaching weiter im überforderten Superhelden-Modus gelaufen, um immer alle Bedürfnisse aller zu erfüllen, wäre mittelfristig ein leerer Akku vorprogrammiert gewesen. Die eigene Haltung gerade in stressigen Zeiten zu überprüfen, ist also ein notwendiger Hebel, um bei Kräften zu bleiben.

Halten wir fest: Um auch in anspruchsvollen Zeiten gut für uns zu sorgen, geht es nicht darum, weniger zu arbeiten. Es bedeutet vielmehr, mental umzuswitchen, um dann *anders* zu arbeiten. Wir sollten lernen, bewusst Einfluss auf unsere innere Haltung zu nehmen.

Wie kann ich nun meine Haltung regulieren, wenn ich stressbedingt abgerutscht bin? Wie das genau funktioniert, darum soll es nachfolgend gehen. Vorher lade ich Sie zu einem fairen Blick auf sich selbst ein.

Fragen zur Selbstreflexion

- Welche Situation gab es in der letzten Zeit in meinem Führungsalltag, die eventuell dazu geführt hat, dass ich in den Drama-Modus gerutscht bin? Machen Sie sich bitte Notizen – je konkreter, desto besser.

Beispiele:
  - Kritik durch Vorgesetzte, durch Kunden, von Mitarbeitenden
  - Personalmangel, Kündigungen
- Konflikte im Team
  - Psychische Belastung von Mitarbeitenden
  - Integration von Burnout-Wiederkehrern
  - Intransparente Unternehmenspolitik
  - Eigene ernsthafte Erkrankung
  - Welche Lösungsstrategien habe ich im Hinblick auf die Herausforderungen entwickelt? Schreiben Sie sich alles in Stichworten auf.
- Ist ein Überanspruch zu erkennen (Superheld)? Bin ich eher der kämpferische Superheld, der allein nach Lösungen sucht? Oder bin ich eher der idealistische Superheld, der die eigenen Werte anderen überstülpt? Blende ich vielleicht echte Probleme aus (auf Wunder hoffende Opferhaltung)? Habe ich schon Rachepläne geschmiedet?
- Was hilft mir, den Teufelskreis der Selbstaufopferung zu verlassen? Woran würde ich es merken, dass ich mich wieder mit mir selbst und der Welt verbunden habe? Welcher Mensch in meiner Umgebung würde es als Erster bemerken?

Erinnern wir uns: Wir müssen nichts komplett allein lösen. Wir arbeiten schließlich mit anderen Menschen zusammen. Viele Lösungen können gemeinsam entwickelt werden.

Schräge Haltungen erkennen

Spüren wir im Führungsalltag bei uns selbst Spannungen, sollten wir besonders wachsam und klar sein: Wir sollten wahrnehmen, was wirklich ist. Denn wenn es stressig wird, laufen wir Gefahr, in eine mentale Schieflage zu geraten, in der verzerrte Emotionen entstehen, die von Extremen geprägt sind und die dem Gefühl der Selbstaufopferung zugeordnet werden können. Gerade bei Führungskräften zeigt sich dies häufig in einer Mischung aus entfesseltem Superheldentum und tief empfundener rebellischer Hilflosigkeit. Wir sind in eine selbstaufopfernde Haltung gerutscht, in der wir zwischen übersteigerten Lösungsansprüchen und dem Gefühl, nichts ausrichten zu können, hin- und hergeworfen werden.

Es geht nicht darum, weniger zu arbeiten, es geht darum, anders *zu arbeiten.*

*Dazu eine kleine Geschichte: Ich steuere ein kleines Flugzeug bei zunächst herrlichem Wetter. Doch dann taucht plötzlich eine Nebelwand auf. Jetzt ist nichts mehr schön, denn alles, was vorher galt, gilt nicht mehr. Gewaltige Gedanken schießen mir durch den Kopf. In mir und über mich übernimmt die Angst die Regie. Plötzlich die Eingebung: »**Ich** muss die Seite wechseln. **Springe** aktiv von der Seite der Angst auf die Seite der Wirklichkeit!«*

Ich habe mich ent-ängstigt. Was für ein Gefühl! Aus dem tobenden Niemandsland zurück zu mir, in meine Mitte. Ich bin wieder ich selbst. Die äußere Unsicherheit wird bleiben. In ihr kann ich mich gut bewegen. Ich finde Möglichkeiten, das Flugzeug sicher zu landen.

Lassen wir unser »inneres Drama« nicht unbeaufsichtigt!

Lassen wir uns von unseren Angstspiralen unüberprüft einnehmen, sind wir im Nebel unserer eingebildeten Ängste gefangen und können nicht mehr das abrufen, was die echten Herausforderungen uns abverlangen, nämlich dass wir gerade jetzt besonders wachsam, kompetent und umsichtig agieren müssen. Lernen wir also, eingebildete Krisen von den echten zu unterscheiden. Selbstregulation ist die Fähigkeit, sich selbst immer wieder zu *ent-ängstigen*, sich also autonom und ohne Hilfe von

Selbstregulation ist die Fähigkeit, sich selbst zu ent-ängstigen!

außen in einen guten Zustand zu bringen. Tatsächlich können wir das sogar schon, bevor wir in die Grundschule kommen. Babys stecken sich den Daumen in den Mund, um sich zu beruhigen. Hat sich deren äußere Situation dadurch verändert? Keineswegs. Aber sie können über diese einfache körperliche Maßnahme den Kontakt zu sich selbst herstellen. Diese Form der Selbstregulation ist also in unserer Natur angelegt. Wir können uns mit einfachen Mitteln selbst beruhigen, wobei das Daumenlutschen in Managementkreisen vielleicht weniger zu empfehlen ist. In einer Welt der ständigen Reizüberflutung, in der wir im modernen Geschäftsleben statistisch gesehen alle vier Minuten bei unserer Arbeit unterbrochen werden, ist es eine der wichtigsten Fähigkeiten überhaupt, immer wieder innezuhalten. Ein Führungsalltag ohne Selbstregulationskompetenz ist wie Fahren auf der Autobahn ohne Lenkrad.

Wichtig ist zu verstehen, dass wir nicht krank sind, wenn wir immer wieder am Tag in den Drama-Modus verfallen. Krank werden wir erst dann, wenn wir es nicht schaffen, uns immer wieder selbst zu erden und zu beruhigen. Wir sind keine Versager und haben auch keine Charakterschwäche, wenn wir ins Drama Self rutschen – wir sind nur Menschen, die durch Trigger in eine schiefe Haltung gelangt sind. Diese Perspektive auf uns selbst kann sehr entlastend sein, vor allem bei Verhaltensweisen, von denen wir eigentlich wissen, dass sie nicht besonders gut sind. Wenn wir zum Beispiel aggressiv und anklagend werden, den Retter der Welt spielen (Superheld) oder uns tot stellen, nicht erreichbar sind oder auf Wunder hoffen (Victim). Wenn wir uns unter Stress so verhalten, ist das keine Frage des Charakters, sondern eine Frage der Haltung.

Ein großzügiger Blick auf sich selbst

Mit diesem großzügigen Blick auf uns selbst und auch auf andere Menschen können wir irritierendes Verhalten grundsätzlich anders betrachten. Wir verurteilen nicht den Menschen an sich, sondern erkennen, dass der Mensch in einer konkreten Situation in einer *nicht wirksamen Haltung* ist. Da jeder Mensch die Fähigkeit zur Selbstregulation ab dem Grundschulalter mitbringt, muss sie nicht extra erlernt werden. Lassen Sie uns also *mentale Hygiene zu unserem täglichen Be-*

gleiter machen. Das spart uns viel Kraft und wir können die gesparte mentale Energie in wirklich interessante Projekte stecken.

Selbstregulation: Schritt für Schritt

1. Teilnehmende Selbstbeobachtung (Observer)
2. Einordnung
3. Zustand auflösen (separieren) und mentale Neuausrichtung

Lassen Sie uns die einzelnen Schritte näher betrachten. Grundsätzlich kann eine mentale Selbstregulation recht schnell gehen: Wir erkennen unseren Drama-Kurs, separieren uns davon, um dann wieder bei uns einzuchecken. Was wir schon als kleine Menschen gut konnten, können wir als gestandene Erwachsene erst recht. Dazu können wir ein an unserem Institut entwickeltes Modell zur Hilfe nehmen, das sich der Selbstregulation widmet (Abb. 12).

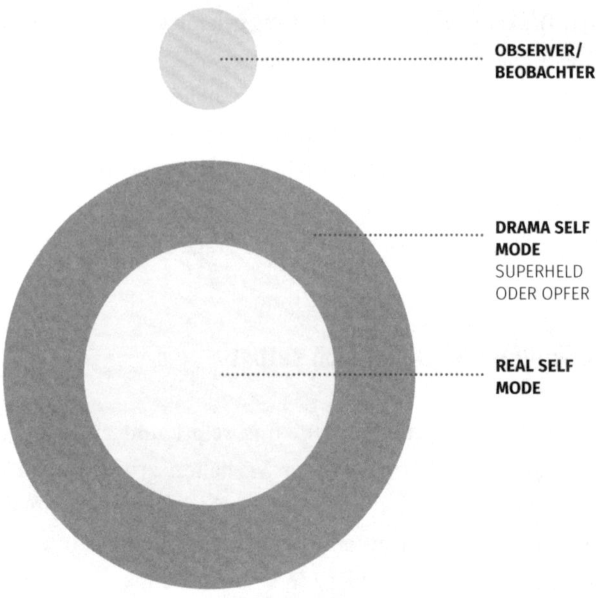

Abb. 12: INHESA-Modell der Selbstregulation

Das Modell besteht aus drei Elementen. In der Mitte des Modells befindet sich der »Real-Self-Modus«: Wir sind zentriert und in unserer Mitte. In dieser Haltung sind wir in gutem Kontakt mit uns selbst und mit der Realität verbunden oder, wie ich es im Gespräch mit der Digitalunternehmerin Kathrin Koehler ausdrückte: »Mit den Füßen auf dem Boden, mit dem Herzen am rechten Fleck und mit dem Hirn frisch belüftet.«[17] Wir nehmen sowohl unsere Gedanken als auch unsere Gefühle wahr und ernst. Daher sind wir auch offen für einen Austausch mit anderen, fähig zu echten Gesprächen. Der äußere Kreis in dem Modell zeigt die Haltung, in der wir den Draht zu uns selbst verloren haben, die Welt der Dis-Connection, der Fernsteuerung und der Selbstaufopferung. Wir sind außerhalb von uns selbst und gefangen in einer mentalen Isolation. Wir sind im Drama-Self-Modus, in dem wir eine verzerrte, übertriebene, irrationale Haltung einnehmen, eine Welt der ferngesteuerten Superhelden und ferngesteuerten Opfer. Über allem steht – mit gesundem Abstand – das Observer Self, das sich selbst beobachten und reflektieren kann. Wie komme ich nun am besten vom anstrengenden Superhelden-Kampf zur geerdeten Selbstwirksamkeit?

1. Teilnehmende Selbstbeobachtung (Observer)

Die teilnehmende Selbstbeobachtung erfordert die Fähigkeit, uns ein wenig von unserem eigenen Denken und Fühlen zu distanzieren. Wenn Ihnen das anspruchsvoll vorkommt, erinnern Sie sich bitte an das kleine Mädchen vom Kapitelanfang. *»Ich merke gerade, dass ich nur weine, weil ich es irgendwie genieße, von dir getröstet zu werden.«* Das Mädchen hat also während des Weinens angefangen, sich selbst zu beobachten. Wir alle haben diese Fähigkeit der empathischen Selbstbeobachtung. Wir haben diesen Zugang lediglich dann nicht oder weniger, wenn wir aktuell unter einer psychischen Erkrankung leiden. Als arbeitsfähige und psychisch gesunde Führungskräfte sind wir also zu jeder Zeit in der Lage, den wohlwollenden Observer zu aktivieren.

Stellen wir uns vor, wir moderieren eine Besprechung. Gleichzeitig nehmen wir bewusst wahr, dass wir Teil eines Meetings sind, wir sind also mental zweigleisig unterwegs. Wir befinden uns einerseits *mitten in einer Situation*, was wir im Coachingjargon »assoziiert« nennen. Und zusätzlich sind wir in einer *teilnehmenden Selbstbeobachtung* oder Dissoziation. Wir sehen uns und die übrigen Meetingteilnehmer in der Interaktion. Die teilnehmende Selbstbeobachtung sollten wir auf keinen Fall als inneren Dauerzustand anstreben, denn das wäre eine absolute Überforderung unseres Wahrnehmungsapparats. Nehmen wir diese Fähigkeit aber genau dann zur Hilfe, wenn ein deutliches Missempfinden auftritt. Gerade dann, wenn wir vor lauter Stressgefühlen wegzufliegen drohen oder uns in dem Gefühl auflösen, alles allein lösen zu müssen (Superhelden-Modus), können wir uns den Observer zu Hilfe nehmen. Ich habe mir angewöhnt, sobald ich mich merkbar irritiert fühle, kurz den Observer aufzusuchen. »Was passiert gerade in deinem Inneren? Lass uns deine Gefühle und Gedanken bewusst wahrnehmen«, sagt dieser dann und lädt mich damit zur freundlichen Selbstbeobachtung ein.

Der Observer schaut übrigens mit einer *wohlwollenden* und nicht mit einer strengen Oberlehrer-Haltung auf uns. Das ist mir sehr wichtig, da lang etablierte Superhelden auch den Observer manchmal für den Anspruch übertriebener Strenge und Perfektion missbrauchen. Das würde sich dann in abfälligen Gedanken äußern, wie: »Kriegst du das also wieder nicht hin? Du bist und bleibst ein Versager.« et cetera. Sollten Sie also durch den Observer noch mehr Druck und Stress empfinden als sowieso schon, überprüfen Sie Ihre Haltung. Verlassen Sie die innere Strenge und wechseln Sie in *ein faires Wohlwollen sich selbst gegenüber*. Wohlwollende Selbstbeobachtung ist eine wunderbare Lernaufgabe und gehört zu den Grundlagenfähigkeiten nachhaltig gesunden Arbeitens von Führungskräften.

2. Einordnung

Aus dem Abstand des Observers können wir uns in der nächsten Phase erfolgreicher Selbstregulation selbst die Fragen beantworten: In welcher Haltung bin ich aktuell? Bin ich im guten Kontakt mit mir selbst und der Realität? Dann kann alles so bleiben, wie es ist. Oder bin ich *außerhalb von mir und eher abgetrennt im Drama-Self-Modus?* Bin ich in die Haltung des Weltretters gerutscht, allein für alles verantwortlich und mit der irreführenden Idee unendlicher Superkräfte (Superheld)?

Bin ich in die Superhelden-Haltung geraten? Will mir meine Überzeugungswelt wieder erzählen, ich müsse alles allein regeln?

Um die Zustände zu unterscheiden, ist es sinnvoll, auch unsere Körperempfindungen sensibel wahrzunehmen. Gerade im Drama-Modus reagiert unser Körper mit Spannungsgefühlen, Verkrampfungen und erhöhtem Körpertonus. Unser Körper gibt uns deutliche Hinweise. Wir tun gut daran, ein *Fährtenleser in eigener mentaler Sache* zu werden. Je schneller wir zuordnen können, wo wir uns befinden, umso schneller können wir aussteigen und umso weniger Energie vergeuden wir. Sollten Sie sich dem Drama Self zuordnen können, erst mal herzlichen Glückwunsch! Sie haben den Mut bewiesen, differenziert hinzuschauen und zu reflektieren, was in Ihrem Inneren vor sich geht. Die Fliehkräfte des Drama Self versuchen nämlich vehement, uns von unserem ehrlichen Gefühl gegenüber uns selbst abzulenken. Insofern ist es ein wichtiger Schritt, den eigenen mentalen Irrweg zu erkennen.

3. Zustand auflösen (separieren) und mentale Neuausrichtung

In dieser Phase wollen wir die Welt des inneren Drucks, der Abwertung, der Strenge und der Verachtung verlassen. Wir müssen also die Superhelden-Energie abschütteln, eine Pause einlegen oder, wie es in der Fachsprache heißt, uns *separieren*. Separieren bedeutet, »sich von etwas zu trennen«, wir trennen uns durch eine bewusste Intervention von unserem alten, nicht hilfreichen Gefühlszustand.

Tennis-Ikone Roger Federer soll einmal nach einem verlorenen Finale gegen seinen Rivalen Andy Murray gesagt haben: »Ich kann mich fünf Minuten oder fünf Monate darüber ärgern. Ich wähle die fünf Minuten.« Klingt vernünftig, oder? Und tatsächlich ist das, wovon Federer spricht, aktives Selbstmanagement im Umgang mit inneren Zuständen. Er könnte nach dem verlorenen Match, um sich selbst zu geißeln, im Drama Self nochmal alle verlorenen Spielzüge nacherleben und sich Vorwürfe machen, dass es so und nicht anders gelaufen ist. Meister der Selbstregulation kennen ihre inneren Hebel, um mental »umzuschalten«. Sie schlagen innerlich einen Haken und nehmen anschließend einen anderen Fokus ein. Das kann man trainieren. Beim Fokuswechsel geht es darum, eine irrationale und emotional stark verzerrte Perspektive zu verlassen.

Die Verbindung von Körper und Geist können wir dazu sehr gut nutzen, denn unser Körper und unsere Emotionen funktionieren als

Einheit, was bedeutet, dass wir unsere Emotionen durch körperliche Techniken direkt beeinflussen können. Beobachten können wir das zum Beispiel beim hysterischen Weinen von kleinen Kindern, wenn sie sich *in Rage weinen*, dabei auf den Boden schauen und noch mit den Füßen aufstampfen. Gelingt es uns, das Kind in die Luft zu heben, sodass der Kopf den Blick hebt, wird sofort ein anderer Gefühlszustand induziert. Auch als erwachsene Menschen können wir diese Verbindung von mentalen und körperlichen Vorgängen zur Selbstregulation nutzen. Forschungen dazu, die unter dem Namen *Embodiment* laufen, zahlen alle auf die These ein, dass jeder Mensch als Einheit seiner körperlichen und mental-emotionalen Verfassung zu sehen ist und dass es nicht förderlich ist, diese Aspekte getrennt voneinander zu betrachten.[18]

Eine recht einfache Technik der Selbstregulation ist das bewusste körperliche Aufrichten. Egal ob wir sitzen oder stehen, wichtig ist, dass wir unsere Wirbelsäule bewusst strecken und unsere Schultern zurücknehmen. Oft atmen wir dann automatisch tief ein und wieder aus. Für kleine Alltagsverzerrungen reicht das häufig aus. Um starke Drama-Self-Zustände loszuwerden, empfiehlt sich körperliches Ausschütteln, wobei am besten jeder Körperteil einmal ausgeschüttelt wird. Jetzt denken Sie wahrscheinlich: »Körperliches Schütteln im Führungsalltag? Soll ich mich etwa vor allen lächerlich machen?« Nein, natürlich nicht. Schaffen Sie sich unbeobachtete Momente. Schließen Sie dazu kurz die Bürotür oder gehen Sie bewusst in einen leeren, nicht einsehbaren Besprechungsraum, im Zweifelsfall auf die Toilette. Im virtuellen Arbeitsalltag nutzen Sie gleichfalls den Gang in einen anderen Raum oder schalten Ihre Kamera für diese Zeit aus. Im Idealfall planen Sie dazu Pausen in Ihren Terminkalender ein, vielleicht sogar in Kombination mit frischer Luft. Der Ausdruck »den Kopf frei bekommen« trifft zu, denn bei der körperlichen Bewegung geht es auch darum, die angespannten Inhalte unseres Denkens und Fühlens abzuschütteln und den inneren Teufelskreis zu durchbrechen. Auch ein Duschbad hätte einen separierenden Effekt, wir empfangen dabei so viele taktile Impulse auf unserer Haut, dass wir wie von außen durchgeschüttelt werden. Unsere alten Gedankenschleifen landen im Abfluss und machen neuen Gedanken Platz. Aber wer kann schon während des Arbeitstages duschen?

Wir können unseren mental-emotionalen Zustand abschütteln!

Eine andere Technik der Trennung ist das bewusste Ein- und Ausatmen. Dazu müssen wir nicht unbeobachtet sein und können die Technik auch während einer Besprechung oder vor dem Computer anwenden: einfach lange Atemzüge durch die Nase ein- und noch längere Atemzüge durch den Mund ausatmen. Wir aktivieren damit unseren Vagusnerv, der sofort Entspannungssignale in den Körper sendet – so einfach kann es manchmal sein! Der Philosoph Emanuele Coccia beschreibt es wie folgt: »Atmen heißt, sich von der Welt durchdringen zu lassen, um die Welt zu etwas zu *machen*, was auch aus unserem Atmen besteht.«[19] Wir sind also beim bewussten Atmen mit uns selbst und der Welt in echter Verbindung, wir erden uns.

Weitere Atem-Techniken sind die 4-4-4-Technik und die 5-10-Technik. Bei der 4-4-4-Technik atmet man 4 Sekunden durch die Nase ein, hält 4 Sekunden die Luft an und atmet dann 4 Sekunden durch den Mund aus. Die 5-10-Technik ist äußerlich unauffällig. Man atmet bewusst fünf Sekunden lang durch die Nase ein und zehn Sekunden lang durch den Mund aus. Probieren Sie es aus!

Natürlich sind auch die viel zitierten Spaziergänge um den Block oder ein schönes Mittagessen mit einem netten Kollegen oder einer netten Kollegin ein gutes Mittel.

Wie können wir nun überprüfen, ob wir schon getrennt sind? Im Grunde ist dies ganz einfach: Wir fühlen uns dann nicht nur körperlich anders, wir haben auch nicht mehr die gleichen Gedanken- und Gefühlsschleifen. Im Drama-Modus erleben wir uns unseren Gedanken und Gefühlen ausgeliefert. Ich nenne dies *passives Denken*: Wir hören es in uns reden und fühlen. Wenn wir uns davon trennen, ist der innere Film angehalten, die Pausentaste gedrückt. Wir haben einen neuen Raum betreten, den wir nun gestalten können und den Viktor Frankl den *Raum zwischen Reiz und Reaktion* nennt. In diesem Raum haben wir eine Wahlmöglichkeit, er gibt uns unsere *innere Freiheit* zurück.

Selbstregulation: Kleiner Hebel – große Wirkung

Nachdem wir uns separiert haben, haben wir die Chance, die eigene Wunsch-Haltung einzunehmen. Das können wir uns wie eine *innere*

Gangschaltung vorstellen, so wie wir sie von Automatikschaltungen her kennen: Übertragen auf Ihre persönliche innere Automatikschaltung verfügen Sie über folgende Gänge beziehungsweise Möglichkeiten (Abb. 13):

R = mentaler Rückwärtsgang (Drama Self)
N = separieren
D = Real Self (nach vorne, konstruktiv)

Abb. 13: Selbstregulation: Wer sich selbst steuern kann, ist klar im Vorteil!

Haben wir das fremdgesteuerte Drama (R) über die Separierung (N) hinter uns gelassen, können wir den Gang vorwärts in Richtung Selbstwirksamkeit (Real Self) einlegen (D). Wir treten in Kontakt mit uns selbst und der Realität, wir erden uns. Wir suchen den ausgeglichenen Zustand: den Real-Self-Modus. In diesem Zustand nehmen wir uns selbst wahr und ernst und haben unsere Antennen nach innen und außen ausgefahren, schaffen einen Raum, in dem wir *aktiv denken*. Wir reden selbst, anstatt uns beim Denken zuzuhören. Dann haben wir ein gutes *Sensorship.*

Den Wechsel in den »selbstwirksamen Vorwärtsgang«, also in den Real-Self-Modus, können Sie durch folgende Fragen an sich selbst unterstützen:

- Wenn ich mich selbst und die Situation ernst nehme, was nehme ich dann wahr?
- Wenn ich in gutem Kontakt mit mir und der Situation bin, was nehme ich wahr?
- Wenn ich mit klarem Verstand und geerdetem Gefühl auf das Thema schaue, was nehme ich wahr?
- Wenn ich entspannt und fokussiert auf das Thema schaue, welche Ideen entwickle ich?
- Wenn ich die Situation so nehme, wie sie ist (als unangenehme Herausforderung), und nicht als Tragödie oder Drama, welche Ideen habe ich dann?

Mit dem Zugang zum inneren Haltungswechsel erleben wir uns als selbstwirksam, aktiv und steuernd – dieses Lebensgefühl stärkt uns immens. Sie fragen sich: Kann das denn wirklich so einfach sein? Ja und nein. Haben wir unsere eigenen Hebel kennengelernt und können sie bedienen, dann können wir einen Haltungswechsel tatsächlich phänomenal schnell vornehmen. Das hat auch etwas mit mentalen Routinen und einer bewussten Entscheidung zur Selbst-Führung zu tun, denn uns selbst in einen selbstwirksamen Zustand zu bringen, ist eine aktive Entscheidung, die wir gerade in stressigen Zeiten häufig mehrfach am Tag treffen müssen.

Haltung bewahren trotz blank liegender Nerven

Anjas Faust schlug auf den Meetingtisch. So viel Wut war in ihr aufgestiegen, als sie erfuhr, dass ihr Team bei dem wichtigen Pitch nicht überzeugt hatte. Sie bebte vor Enttäuschung und Ärger und schon formten sich Sätze wie: »Ihr seid einfach zu blöd und zu inkompetent für diesen Job!« Doch plötzlich hielt sie inne, als hätte jemand auf die Stopptaste gedrückt. »Ich merke gerade, dass ich außer mir bin. – Gebt mir zwei Minuten, bitte«, und sie verließ den Raum. Als sie kurz darauf wiederkam, hatte sie sich so weit gefangen, dass sie zumindest wieder ruhiger atmete.

Das Beispiel von Anja zeigt uns eine gestandene Führungskraft in einer Stresssituation, die vermag, sich unter Stress selbst zu regulieren. Anja war zwar durch den Misserfolg ihres Teams getriggert und drohte ins Drama Self abzugleiten. Sie erkannte dies aber und wusste, dass sie gut daran tat, sich zu separieren. Anja scheint in der Selbstregulation schon sehr versiert zu sein, denn es gelang ihr schnell, sich wieder mit ihrer Wirksamkeit als Führungskraft zu verbinden. Gerade wenn wir über längere Zeit und auf vielen Ebenen Stressoren ausgesetzt sind, sind wir leicht reizbar und unsere Nerven liegen blank, was die Gefahr birgt, dass wir ins Drama Self verfallen und uns immer mehr in einen Teufelskreis von Ineffizienz und Irrationalität verstricken. Umso wichtiger ist es, dass wir erste Anzeichen von mentaler Müdigkeit erkennen und bewusst gegensteuern, ähnlich wie beim Akku eines Handys, der sich ohne das passende Ladekabel nicht auflädt.

Wer ressourcenarm ist, neigt zum Drama Self: Schnell wieder Akkus aufladen!

Halten Sie also gerade in anstrengenden Zeiten für Mikromomente inne und klären Sie für sich: Was würde mich jetzt stärken? Auch kurze Breaks zwischen 1 und 20 Minuten wirken erwiesenermaßen regenerierend. Dabei ist es individuell verschieden, was am meisten Kraft gibt. Hauptsache, Sie entscheiden sich für den Break, sei es das Weglegen des Handys, der Blick aus dem Fenster oder der Moment allein in einem anderen Raum.[20] Welche kraftraubenden Dinge können Sie zumindest vorübergehend vermeiden oder einschränken? Wo gibt es kleine oder größere Fenster der Gestaltungsfreiheit?

Aus meiner Coaching-Praxis und von mir selbst weiß ich, dass wir als Drama Queen oder Drama King davon überzeugt sind, dass sich

nichts ändern lässt. Gehen Sie in solchen Situationen in die wohlwollende Selbst-Aufklärung und raus aus dem Drama. In der realen Welt gibt es *immer* etwas, das Sie ändern können! Die Welt hängt nicht allein von Ihnen ab – das denkt nur, wer im Superhelden-Modus ist. Geforderten Führungskräften empfehle ich einen eigenen Apothekerschrank für den Ressourcenaufbau, ähnlich den alten Apothekerschränken mit kleinen und großen Schubladen und Fächern. In den kleinen Schubladen befinden sich die Kraftquellen, die nur wenig Zeit in Anspruch nehmen (Minuten-Booster), dann gibt es mittelgroße Schubladen für die etwas längeren Einheiten (Event-Booster) und in den großen Apothekerfächern sind die etwas aufwändigeren Ressourcen (Auszeit-Booster). Eine Übersicht über mögliche Inhalte dieses eigenen Apothekerschrankes zeigt Tabelle 1. Diese sollen Sie dazu anregen, über Ihre Kraftquellen nachzudenken. Nehmen Sie sich mal zehn Minuten dafür. Das lohnt sich, denn sind wir erst mal im Reservebereich unseres Akkus, sind wir zu fantasielos, um uns an Dinge zu erinnern, die uns eigentlich guttun.

Tab. 1: Beispiel eines Apothekerschranks zum Aufbau eigener Ressourcen

Minuten-Booster	**Event-Booster**	**Auszeit-Booster**
Atemtechniken	Lunch mit dem Lieblingskollegen	Kurztrip an Seelenort
Aufstehen, Lüften	Lieblingsrestaurant	Urlaub, der echten Abstand vom Stress verspricht
Wasser, Kaffee, Tee trinken	Joggen gehen, Yoga, Fahrrad fahren	Fachfremdes Praktikum
Fotos von Liebsten anschauen	Lieblingsmusik oder Podcast	Abenteuer planen und durchführen
Um den Block gehen	Teamevent mit Seele, in dem echte Verbindung und Verbindlichkeit spürbar werden	Weiterbildung mit Sinn
Vitamine und Mineralstoffe nutzen	Webinar zu einem für mich spannenden Thema	Sabbatical
...	...	...

Fragen zur Selbstreflexion

- Welche Ressourcen enthält mein persönlicher Apothekerschrank?
- Was bringt mich in gute Zustände?
- Was hat sich bewährt?
- Was möchte ich vielleicht einmal ausprobieren?
- Was weckt meine Neugierde?

Mittels Selbstregulation Einfluss auf die eigene Haltung zu nehmen, ist eine natürliche Fähigkeit, in der wir immer besser werden, je öfter wir sie ausüben. Es lohnt sich also, Selbstregulation zum besten mentalen Begleiter im Alltag zu machen. So verbringen wir unseren Alltag mit einem Maximum an Selbstwirksamkeit und einem Minimum an Energieverlust durch Drama. Sie werden erstaunt sein, wie entspannt Sie durch einen Alltag mit vielen To-dos kommen können, wenn Sie selbstwirksam bleiben. Das Gefühl der Selbstwirksamkeit fördert nicht nur unsere Zufriedenheit und Entspannung, sondern ist auch die Haltung, mit der wir gerade in Zukunft sehr erfolgreich sein werden.

Sind wir Führungskräfte über weite Strecken in einer Real-Self-Haltung unterwegs, werden wir in all den Kontexten erfolgreich sein, in denen es darum geht, gemeinsam mit anderen Menschen Projekte auf die Beine zu stellen, Menschen mitzunehmen, vertrauensvolle Beziehungen aufzubauen, gemeinsam Lösungen für komplexe Themen zu entwickeln und auch psychisch-emotionale Befindlichkeiten ehrlich begleiten zu können

Eine konstruktive, wohlwollende und geerdete Haltung uns selbst und anderen gegenüber können wir zu unserer inneren Normalität, also zu einer Grundhaltung machen. Der amerikanische Singer-Songwriter Michael Gungor drückt es folgendermaßen aus: »Burnout happens when you try to avoid being human for too long.« Es ist also sehr wichtig und stärkend, sich im Privat- und Arbeitsleben hilfreiche Grundhaltungen zuzulegen.

Grundhaltungen können wir zu uns selbst, zu anderen Menschen und zu Themen entwickeln. Sie fallen nicht vom Himmel, sondern sind das Ergebnis einer intensiven, reflektierten Reise mit und zu uns selbst. So erreichen wir irgendwann eine Grundhaltung, die wir mit uns und unserer individuellen Persönlichkeit stimmig empfinden. Grundhaltungen sind unser persönlicher Orientierungsrahmen, der uns hilft, im Alltag nicht jede Situation in uns neu diskutieren zu müssen. Haben wir beispielsweise den unterschiedlichsten Menschen gegenüber eine wertschätzende Grundhaltung, werden wir uns nicht bei jeder Begegnung neu überlegen, ob wir anderen gegenüber zugewandt sind oder eher verschlossen.

Gerade in der Position als Führungskraft kann es sehr hilfreich sein, die Haltung gegenüber Menschen intensiv zu reflektieren: »Wie blicke ich auf Menschen allgemein? Mit welcher Erwartung? Wie blicke ich auf Menschen im Arbeitskontext? Welche Werte möchte ich gegenüber Menschen leben? Aus welcher Überzeugung speist sich mein Verhalten?« Manchmal hilft auch ein Perspektivenwechsel: »Wie möchte ich als Mensch in der Arbeitswelt gesehen werden? Welche Werte stecken dahinter, wenn ich mir das so wünsche? In welchem Verhalten würden sich diese Werte widerspiegeln?« Auch in Bezug auf unsere Ernährung, auf unseren Umgang mit unserem Körper oder auf den Umgang mit unseren Liebsten lohnt es sich, seine Grundhaltung und seine Wertebasis zu klären. Das schafft Orientierung und gibt Halt: ein wichtiges Gut in unsicheren Zeiten. Menschen, die ihre Grundhaltungen in vielen Bereichen geklärt haben und stimmig leben, wirken nicht nur charismatisch, sie sind auch mit sich im Reinen, weil sie klar sind. Voraussetzung dafür ist ein Leben und Arbeiten, das im Wesentlichen von Stimmigkeit geprägt ist. Anders ausgedrückt: ein Arbeitsleben, in dem wir uns meist treu bleiben können. Um die Selbsttreue und wie man sie erreicht, geht es im nächsten Kapitel.

ESSENZ FÜR EILIGE

Menschen haben großen Einfluss auf ihre Gefühls- und Gedankenwelt und sind selbst starken Gefühlen wie Ärger und Wut nicht hilflos ausgeliefert.

Die Wahl der individuellen inneren Haltung ist die Bastion der Selbstbestimmung und der individuellen Freiheit.

Haltungen sind charakterunabhängig und flexibel.

Menschen können durch mentale Selbstregulation ihren Zustand gezielt verbessern. Dabei helfen auch körperliche Techniken wie Ausschütteln oder Atmen.

Im verbundenen selbstwirksamen Modus (Real Self) haben Menschen einen guten Kontakt zu ihren eigenen Gedanken und Gefühlen und zur Realität.

Der Drama-Modus ist durch eine inhaltliche und emotionale Verzerrung der Realität gekennzeichnet, die zu Fehleinschätzungen und Fehlentscheidungen führen kann. (Lassen wir unser »inneres Drama« nicht unbeaufsichtigt!)

Der Drama-Modus ist anstrengend und energieraubend, daher ist es ein Akt der Selbstfürsorge, diesen Zustand schnell zu verändern. »Ent-ängstigen« ist das Stichwort.

Selbstregulation braucht die Schritte: Observer, Kategorisierung, Separierung und Neuausrichtung.

Jeder Mensch sollte seine *innere Gangschaltung* kennen und bedienen können. Körperliche Techniken wie Ausschütteln oder bewusstes Atmen helfen dabei, sich von unnützen Zuständen abzutrennen.

Gestresste Menschen mit niedrigem Energielevel neigen zu Irrationalitäten und verzerrten Perspektiven (Drama-Self-Zustände).

Die eigenen Kraftquellen zu kennen, gehört in ein aktives Selfcare-Konzept. Ein Apothekerschrank der eigenen Ressourcen hilft, bei Bedarf schnell in die passende Schublade zu greifen.

Stabile Grundhaltungen geben nicht nur Führungskräften Sicherheit und Klarheit im Alltag. Um stabile Grundhaltungen zu entwickeln, braucht es ein Höchstmaß an Treue zu sich selbst.

Zweite Strategie: Selbsttreue statt Selbstausbeutung

Selbsttreue bedeutet, den Weg innerer und äußerer Stimmigkeit einzuschlagen. Wer selbsttreu lebt und arbeitet, spürt Kraft und Ausdauer: »Ich lebe und arbeite gemäß dem/der, der/die ich bin und sein will.«

Beginnen wir mit einem kleinen Ein-Personen-Theaterstück. Vorhang auf!

Vielleicht gestern

»Ich war sooooo perfekt. Hatte die perfekte Rolle in einer perfekten Show. Die hohe Latte schien mir recht: Sie war aus höchsten Ansprüchen gezimmert, die man nur mit viel Schweiß und Preis überspringen konnte. Ich übersprang die Latte jedes Mal und JEMAND war glücklich. Ich dann auch. Wenn JEMAND noch mehr von mir wollte, stand ich parat. Irgendwann meldete sich NOCH JEMAND und NOCH JEMAND und Noch JEMAND. Ich gab alles und mehr für all die NOCH JEMANDE. Zog in den Kampf ohne Gegner – außer mir selbst. Kämpfte mich durch den Tag und auch durch die Nacht. Eine blecherne Ritterrüstung war mein Kostüm. Allzeit bereit. The fight must go on.«

Dann eines Tages

»Dann kleckst es plötzlich auf meinen Panzer. Ich horche auf. Da kleckst es wieder. Erst wenig, dann viel, dann ein giftgrüner Strahl. Wer stört mich bei meinen Heldentaten? Wer oder was kackt mich an? Oder bin ich mir selbst das größte Problem? Ich kann mich der Spritzer, die nach Fäulnis riechen, nicht erwehren. Bald bin ich ein grüner Matsch in arrangierten Blechstücken. Unwürdig. Abscheu ohne Erkenntnis. Hastig und von Ekel getrieben lege ich die Rüstung des Heldentums ab. Ist JEMAND da? Wohl nicht. Ich bin allein. Liege im Unrat. Bin nicht mehr.«

Nicht mehr und noch nicht

»Ich kann mich aufraffen, weil ich meinte, etwas zu hören. Jetzt stehe ich nackt da. Bin unsicher. Oder fühlt es sich doch eher frei an? Wer bin ich denn? Who am I if I'm not afraid anymore?«

Vielleicht jetzt

»So langsam dämmert es mir. Ich bin! ICH bin JEMAND. Nicht jemand anderes. ICH bin ICH. Und ICH kann das DREHBUCH meines Lebens selbst schreiben. Ich lebe, weil ich lebe. ICH bin und erschaffe MICH. Ich bin so gut, wie ich kann, und ich spüre, ich kann noch einiges anderes. Anders über mich denken zum Beispiel, und über das LEBEN und über den SINN. Ich kann auch schnell um die Ecke denken, das macht Freude, denn da quietschen die Reifen. Hinter den Ecken liegen weitere Ecken, die ich noch nie besucht habe. Und eine große Welt liegt da. Ich kann sie mutig betreten, bewegen, gestalten. Ich kann mir RUNDE und BUNTE GEDANKEN machen. Ich kann plötzlich AUF MICH HÖREN. Was für ein KLANG, der da AUS MIR kommt. Hört ihr das auch? Ich bin auch wild und stark auf einmal. Ich erkenne meine Grenzen. Kann mich ganz klar sehen. Und andere kann ich sehen. Euch kann ich sehen. Auch du bist JEMAND und du. Welche Möglichkeiten in uns stecken!! Welche unglaubliche Kraft. In mir und in den anderen. Durch uns alle kommt die Vielfalt der Einzigartigkeiten auf die Bühne. Unsere Perspektiven, unsere Ideen, Intuitionen, unsere wahren Geschicke. Welch ein Genuss!«

Vorhang und Ende des Theaterstücks.

Aus meiner Coaching-Praxis

»Alles weg, meine Migräne, meine Magen- und Darmprobleme, meine Allergien, meine Rückenschmerzen ... das gibt es doch nicht!« Kerstin konnte sich kaum beruhigen, als sie erzählte, was passiert war, seit sie sich entschlossen hatte zu kündigen. Mehr als fünfzehn Jahre hatte sie zuvor in einem großen Medienhaus vorwiegend in Leitungsrollen gearbeitet, war intern und extern sehr anerkannt und erfolgreich. Vieles hatte ihr auch Spaß gemacht. Sie fühlte sich gefordert und oft glücklich im Rausch ihres Karriereaufbaus. Aber sie hatte auch einen Preis bezahlt: Neben der intensiven Arbeit, die ihr nur wenig private Zeit ließ, dem Bestehenmüssen im Konkurrenzkampf, dem Austragen und Aushalten von Konflikten und vielem mehr waren vor allem in den letzten fünf Jahren vermehrt körperliche Beschwerden hinzugekommen. Zum Glück konnten die Ärzte keine ernsthaften Erkrankungen finden. Schnell war von *zu viel Stress* die Rede und dass sie sich Regenerationstechniken aneignen solle, mehr schlafen und öfter Pausen und Urlaub machen müsse. Kerstin tat ihr Bestes, aber ohne langfristigen Erfolg. Kurzfristig ging es ihr besser, aber nach ein paar Wochen hatte sie erneut heftige Beschwerden. Kerstin hatte zunächst versucht, ihr Lebensgefühl mit klassischen Selbstfürsorgestrategien zu verbessern. Die meisten Menschen versuchen, ihr altes Leben beizubehalten und dafür ihre Batterien wieder aufzuladen. Auch von Ärztinnen und Ärzten werden meist die klassischen Selbstfürsorgemaßnahmen genannt: mehr schlafen, abschalten lernen, Meditation, Yoga, Sport, gesunde Ernährung. Manchmal, wie bei Kerstin, braucht es aber noch etwas anderes für unser Wohlbefinden. Als sie in Phase 4 (Umbruch/Krise – INHESA-Phasen des Wohlbefindens, Abb. 6) angekommen war, suchte sie den Weg zu mir. Sie ahnte, dass eine große Veränderung bevorstand, hatte aber noch keine Vorstellung davon, wohin die Reise gehen sollte. Vor allem von außen schien alles in bester Ordnung. Im Kennenlerngespräch benutzte sie daher oft den Ausdruck »Jammern auf hohem Niveau«, dem ich entgegnete, dass das Leiden gerade bei Menschen in angesehenen Positionen immer ernst zu nehmen ist, denn Geld und Status lassen über manches innere Leid lange hinwegsehen, weil sie im *goldenen Käfig* sitzen. In mehreren Sitzungen intensiver und ehrlicher Auseinandersetzung mit ihrer Situation entwickelte Kerstin sowohl attraktive berufliche Ziele als auch einen Plan, wie sie das Alte gut beenden und das Neue beginnen konnte. Wichtig war auch für sie selbst zu verstehen, warum sie es innerhalb der alten Situation nicht mehr geschafft hatte, wieder in ein Wohlbefinden zurückzukommen. Sie war selbst zu lange in der Superhelden-Falle gefangen, hatte sich selbst und ihre wahren Bedürfnisse zu lange schmerzhaft verleugnet und darüber die Identifikation

Ein goldener Käfig kann lange über viel inneres Leid hinwegtäuschen.

mit dem Alten komplett verloren. Für sie standen nun der Ausstieg und die Gründung eines eigenen Beratungsunternehmens an. »Und ... arbeiten Sie jetzt in Ihrer Gründungsphase weniger als vorher?«, fragte ich sie. »Nein! Überhaupt nicht! Um ehrlich zu sein, an manchen Tagen arbeite ich sogar mehr als vorher.« Sie schien sich selbst zu wundern, was sie da sagte. »Aber ich mache jetzt *meins*! Und ich liebe es, *meins* zu tun! Ich habe *meine Ziele, meine Projekte, meine Kunden.* Die Stunden vergehen wie im Flug ... und wenn ich Lust habe, kann ich mich auch mal mit einer Freundin treffen oder mitten am Tag eine Pause machen, aber das ist eher selten.«

Kerstin ist ein wunderbares Beispiel einer Frau, die den Weg zu mehr Selbsttreue in ihrem Arbeitsleben eingeschlagen hat. Selbsttreue bedeutet, in eine tiefe Reflexion zu gehen, wie mein Innen und mein Außen (wieder) in Einklang gebracht werden können. Es gilt, die individuelle Antwort auf die Fragen zu finden: *Welche Arbeitsform, welche Rolle und welches Leben passen zu mir?* Und wo finde ich oder wie schaffe ich mir für dieses Anliegen das richtige Biotop? Es handelt sich um einen lebenslangen Such- und Findeprozess, der sich jedoch immer leichter anfühlt. *Selbsttreue ist ein Commitment sich selbst gegenüber.* Bei Kerstin hat dieser Prozess sie in die Selbstständigkeit geführt. Es gibt aber so viele Wege der Selbsttreue, wie es Menschen gibt.

Selbsttreue ist eine *lifelong journey*. Alle Veränderungen sind möglich, wenn sich Menschen tief mit sich selbst verbinden. Manche bleiben an ihrem alten Arbeitsplatz und setzen sich für ihre Ziele, Werte oder Rahmenbedingungen ein. Andere wechseln konsequent ihre Rolle im Unternehmen. Wieder andere wechseln den Arbeitgeber. Manche steigen auf, andere bewerben sich auf gleicher Ebene. Für wieder andere bedeutet es auch, sich einen Sprung nach oben zu erlauben und diesen klassischen Karrieresprung mit Freude, Engagement und Kompetenz zu füllen. Selbsttreue und Selfcare Next Level sind enge Freunde, denn es ist inzwischen aus den verschiedensten Quellen bekannt, dass die Übereinstimmung, die ein Mensch zwischen seinem Inneren und seinem Äußeren erreicht, in direktem

Zusammenhang mit seinem Wohlbefinden und seiner Resilienz steht. Diese »Selbst-Verwirklichung« wird manchmal als »nutzlose Ego-Show« abgetan, aber wenn wir Selbstverwirklichung als die *Entfaltung des eigenen individuellen Potenzials im eigenen Leben* verstehen, ist sie das nachhaltig Gesündeste, was ein Mensch tun kann. Schon Abraham Maslow interviewte selbst-verwirklichte Menschen und entdeckte bei ihnen überdurchschnittlich viel Realitätssinn: »Das selbst-verwirklichte Individuum *orientiert sich erfolgreich an der Wirklichkeit* […] eine gesunde Person kann sich mit Unklarheit und Ungewissheit besser abfinden.« Außerdem entdeckte Maslow bei selbst-verwirklichten Personen attraktive Eigenschaften wie eine *relative Angstfreiheit*, *Engagement*, *innere Unabhängigkeit und ein natürliches soziales Interesse*, gepaart mit *Kreativität und Originalität*. »Die selbst-verwirklichte Person neigt weniger dazu, die Realität aus Gründen des Selbstschutzes verzerrt wahrzunehmen, für sie ist Selbst-Entfaltung und inneres Wachstum wichtiger als irgendwelche anderen Dinge, die die Umwelt ihnen verschaffen könnte, wie Prestige, Ehrungen, Status, öffentlicher Beifall […] sie können sich gut mit Menschen identifizieren und leicht Sympathie für sie empfinden.«[21]

Braucht mein berufliches Selbstverständnis ein Update?

Es ist wichtig, sich von Zeit zu Zeit eine Auszeit zur Selbstreflexion zu nehmen, um zu überprüfen, ob wir uns in unserer Arbeit und in unserem Leben noch treu sind. Gerade wenn wir lange Zeit in einer Superhelden-Haltung und dem Anspruch ans Funktionieren im Außen gelebt haben, kann es sein, dass der Kontakt zu uns selbst schon lange nicht mehr stattgefunden hat. Braucht der eigene Lebens- und Arbeitsplan ein Update? Bei Kerstin stellte sich heraus, dass sie in ihrem Leben an einem Punkt angekommen war, an dem sie sich nicht mehr an die Bedürfnisse verschiedener Stakeholder anpassen wollte und konnte. Auch wenn sie dies jahrelang zur Zufriedenheit aller getan hatte, sah sie selbst für sich keinen Sinn mehr darin. Nun hieß es für sie, »ihr eigenes Ding« zu machen. Wie sieht es bei Ihnen aus? In welchen Bereichen Ihres Berufslebens sind Sie sich selbst treu? Oder könnten Sie hier noch Kraftpotenzial freisetzen?

Die Kraft der Ehrlichkeit mit sich selbst

Bei der ersten Strategie haben wir uns mit der Haltung des Real Self beschäftigt und erfahren, dass wir in dieser ausgewogenen Haltung einen guten Zugang zu uns selbst und zur Realität haben. Um in eine realitätsorientierte Selbstreflexion einzusteigen, ist es wichtig, dies nicht aus der verzerrten Dramenperspektive zu tun, sondern fair, realitätsnah und aufmerksam vorzugehen. Gelingt es, uns selbst und unsere Arbeitssituation wahrhaftig zu betrachten, wird jene Kraft frei, die ich in meinen Coachings als *Moments of Truth* bezeichne und die deshalb so wichtig sind, weil sie einen *Point of no return* beinhalten und somit einschneidend sind. Nach einem solchen *Moment of Truth* gibt es kein Zurück mehr in die Unwissenheit. Wir sind uns wahrhaftig selbst begegnet, ein fast heiliger Moment. Auch wenn es noch eine Weile dauert, bis wir uns äußerlich verändert haben, sind wir innerlich schon ein anderer oder eine andere geworden.

Wenn unser Berufsleben zu lange ohne innere Beteiligung stattfindet, springt unser Selbsttreue-Alarm an.

Meist müssen wir auf dem Weg zu mehr Selbsttreue alte Pfade verlassen, und das fällt uns Gewohnheitstieren nicht immer leicht. Zur Klebkraft alter Gewohnheiten kommen erschwerend oft die konservativen oder überholten Erwartungen des eigenen Umfelds hinzu sowie der trügerische Komfort eines goldenen Käfigs. Der goldene Käfig ist ein Arbeitssetting, das mit vielen Privilegien ausgestattet ist: vom guten Gehalt über einen hohen Status bis hin zu entsprechender Wertschätzung und Anerkennung. »Ich bin dort wer und werde dafür auch noch gut bezahlt«, brachte es Kerstin damals auf den Punkt. Diese Mischung kann uns sehr binden und auch dann noch bei der Stange halten, wenn wir uns innerlich verlieren und nur noch als abgespaltene Superhelden nach außen funktionieren, aber keine Rückkopplung mehr nach innen stattfindet. »Irgendwann konnte ich abends gar nicht mehr so viel trinken, um nicht zu merken, dass ich etwas ändern musste«, sagte mir einmal ein Klient. Ob es Alkohol, Drogen, Essstörungen, Sportsucht oder nicht enden wollende Schmerzen und Übelkeit sind, irgendwann fordert unser Leben von uns, dass wir uns selbst treu werden. Irgendetwas in unserem eigenen System scheint sich also um uns und unser Wohlbefinden zu kümmern. Ist das nicht faszinierend?

»Die Seele ist die Wächterin unserer vitalen Lage«, sagt Viktor Frankl und beschreibt in seinem Konzept des dreidimensionalen Menschenbildes, dass wir starke bis stärkste seelische und körperliche Missempfindungen entwickeln, wenn »unser Vorhaben unsere eigene Lebendigkeit beeinträchtigt«[22] oder wenn wir uns als Superhelden zu viele Zumutungen aufgeladen haben. Aber was schädigt eigentlich unsere eigene Lebendigkeit so sehr, dass wir Schmerzen oder zumindest Missempfindungen entwickeln? Vereinfacht formuliert, schlägt unser Alarmsystem der Selbsttreue dann an, wenn wir uns zu lange in einem Zustand der Abkoppelung befinden und wenn unser Leben im Wesentlichen ohne unsere innere Beteiligung abläuft. Diesen Zustand kennen wir vom Schockzustand im Kontext eines Unfalls. Hier switchen wir in den Autopiloten, um unabhängig von eigenen Emotionen zu funktionieren. Damit können wir in Notsituationen handlungsfähig bleiben. Sind wir aber im Dauer-SOS-Zustand, schlägt unser Körper oder unsere Seele irgendwann Alarm. Falls wir uns zu lange von uns selbst abgekoppelt haben, tun wir gut daran, den Draht zu uns selbst nach und nach wieder aufzubauen. Ein bewusster Prozess des Gewahr-Werdens unseres wahrhaftigen Befindens in verschiedenen Situationen hilft uns dabei. Wir sollten uns also immer mal wieder in unseren beruflichen Kontexten selbst beobachten, indem wir mithilfe des wohlmeinenden Observers unseren Grad an Selbsttreue ausloten und wahrnehmen, wie das Mischungsverhältnis von äußerer Aktivität und innerer Beteiligung ist: Wie geht es mir in dem Meeting, das ich leite? Hierbei ist es nicht hilfreich, in Kategorien von »gut« oder »schlecht« zu antworten. Nützlicher sind folgende Fragen: Fühle ich mich bei dem Meeting innerlich beteiligt und engagiert? Interessiert es mich wirklich, was wir hier tun? Fühle ich mich lebendig oder lebendig begraben oder betriebsam *overpaced*? Selbsttreue ist der Weg, wieder *in Resonanz mit sich selbst* zu kommen. In einem selbsttreuen Leben übernehmen wir (wieder) die Regie, wir befreien uns davon, es »anderen recht zu machen«, und legen die Gestaltung wieder konsequent in unsere eigenen Hände. Wir definieren uns und unsere Spielfelder, definieren unsere eigenen Regeln, sind flexibel, kooperativ und sozial. Das kann ein fordernder Weg der inneren und äußeren Loslösung und Emanzipation sein. Es ist auf jeden Fall ein Weg, der sich auszahlt, wenn wir dauerhaft in bestmöglichem Wohlbefinden arbeiten wollen. Es empfiehlt sich, auch das eigene Privatleben entsprechend immer wieder zu reflektieren und anzupassen, denn es gibt kein gesundes Leben im falschen. Ist es nicht reizvoll, in allen Lebensbereichen innere und äußere Stimmigkeit und damit Selbsttreue zu erreichen?

Selbsttreue bedeutet jedoch niemals das Streben nach Perfektion. Die Idee der Perfektion beinhaltet bereits Stress. Perfektion ist immer ein Irrlicht, wenn es um Menschen geht. Perfektion gibt es nur im Bereich toter Objekte. In der Natur und im Leben gibt es nur gute und weniger gute Lösungen, keine Perfektion. Oder fragen Sie sich bei einem Waldspaziergang, welcher der Bäume perfekt ist und welcher nicht? Sobald perfektionistische Ansprüche in uns ihr Unwesen treiben, sollten wir innehalten und uns selbst regulieren. Das spart viel Energie. Wir sparen die Energie, die sonst nur in kräftezehrenden mentalen Blockaden verpufft. Sich selbst treu zu bleiben, gelingt auch dann besonders gut, wenn wir aufhören, uns ständig mit anderen zu vergleichen. *Der Vergleich mit anderen ist das Tor zur Hölle*, denn wir begegnen uns und anderen sofort mit bewertender Strenge, und einer der beiden Vergleichspartner verliert dieses Spiel, und das sind meistens wir selbst. Selbsttreue braucht gesunde Scheuklappen, wie sie sensible Rennpferde tragen. Uns bewusst vom Vergleich mit anderen fernzuhalten, hilft uns, in unserer eigenen Spur zu bleiben und *uns selbst zum Maßstab zu machen*. Bleiben wir entspannt und offen für die Wege, die sich auftun, und gehen wir sie dann Schritt für Schritt. Selbsttreue ist ein Prozess des Wahrnehmens, Veränderns und Ausprobierens. Selbstreflexion gehört immer dazu. Wie der amerikanische Philosoph John Dewey sagt: »We don't learn from experience, we learn from reflecting on experience.«[23]

Fragen zur Selbstreflexion

- In welcher Rolle bin ich stimmig und im Einklang mit mir selbst?
- Was für ein Mensch bin ich im Arbeitskontext?
- Was macht mich zu dem einzigartigen Menschen, der ich bin?
- Was macht mich als Führungskraft besonders?

- Welche Werte sind mir wichtig?
- Was ist mein Arbeitsethos?
- Was sind meine Stärken? Was kann ich gut und was mache ich gleichzeitig gerne? Welche Aufgaben ziehen mich an?
- Welche Facetten meiner Persönlichkeit möchte ich ausbauen und entfalten?
- Wo spüre ich Grenzen, die ich auch mir selbst gegenüber ernst nehmen möchte?
- Was für eine Führungskraft bin ich, wenn ich ehrlich zu mir bin?
- Störe ich mich mit perfektionistischen Ansprüchen an mich selbst und andere?
- Welche Führungskräfte inspirieren mich? Inwiefern? Was lerne ich von schlechten Beispielen von Führung über mich und meine Werte?

Neben der Ich-Perspektive ist es wichtig, auch die Welt-Perspektive zu reflektieren:

- Welches Arbeitsumfeld, welche Abteilung, welche Rolle, welche Kultur brauche ich, wenn ich so ticke, wie ich ticke?
- Welches Unternehmen, welches Projekt, welches Team würde von mir profitieren, wenn ich mich so einbringe, wie ich sein will und kann?
- Welche Rolle(n) passt/passen dann zu mir? Warum?
- Wann wird aus der Ich-Unternehmen-Beziehung eine Win-win-Beziehung?

Auch Fragen nach der Perspektive meines Teams können hilfreich sein:

- Woran erkennt mein Team meine Selbsttreue?
- Wie müsste ich als Führungskraft sein, damit mein Team diese oder jene Eigenschaft an mir wahrnimmt?
- Was kann ich als Führungskraft wann und wie kommunizieren, damit mein Team mich so wahrnimmt, wie ich es beabsichtige?

Selbsttreue und Selfcare – Nur die eigene Antwort zählt

Auch im Bereich von Selfcare-Strategien gibt es keine allgemeingültigen Strategien, die jedermann guttun. Wir sind immer wieder selbst aufgefordert zu spüren, was uns stärkt und was nicht. Für mein Buch habe ich Menschen gebeten, mir ihre persönliche Selfcare-Strategie mitzuteilen. Ich war begeistert davon, wie offen und schnell alle Befragten ihre Strategien zu teilen bereit waren. Die Frage lautete: *Was hilft mir, um in meiner Kraft zu bleiben?* Die Antworten fielen wunderbar unterschiedlich aus und leider kann ich hier nur ein paar wenige veröffentlichen. Eine Frage – fünf Antworten.

Was hilft mir, um in meiner Kraft zu bleiben?

»Um in der Kraft zu bleiben, hilft es mir sehr, meine eigenen Stärken und Produktivitätsmuster zu kennen und entsprechend zu arbeiten. Das mag trivial klingen, es war für mich allerdings ein Weg, dies über mich herauszufinden und wirklich ernst zu nehmen. Ich mag es außerdem, regelmäßig ›nichts‹ zu tun. Etwas, das ich früher unterschätzt habe, beziehungsweise dachte ich, es wirke sich negativ auf meine Produktivität aus. Heute weiß ich: Das Gegenteil ist der Fall.«

Swantje Allmers, CEO NWMS GmbH, New-Work-Expertin

»Die Psychologin Esther Perel hat mir mal gesagt: Wer nicht biegsam ist, der bricht. Das nehme ich mir sehr zu Herzen. Für mich bedeutet das mentale Agilität, also die Fähigkeit, die Gedanken auch mal zu dehnen, zu wenden, zu hinterfragen. Genauso wichtig ist aber auch das Körperbewusstsein, also ein Gespür dafür zu entwickeln, welche Balance zwischen Bewegung, Spannung und Entspannung ich wirklich brauche.«

Dr. Léa Steinacker, Sozialwissenschaftlerin mit Fokus auf Technologien wie KI, Unternehmerin und Autorin

»Als gelernter Diplomsportlehrer weiß ich, wir müssen in den roten Bereich, um unsere Leistungen zu verbessern, das Entscheidende für den wirklichen Kraftzuwachs sind aber die Pausen: mental, körperlich, räumlich. Man atmet ein, durch und auf. Dazu zwei Kraftbooster: Nichts wirkt energetisierender als euphorische Kunden. Ich nutze Kundenfeedback (Fotos, E-Mails oder Handyvideos) und in Momenten der Schwäche wirken diese wie ein Zaubertrank. Abgerundet durch den Sinn und den Fortschritt. Die Kraft lässt nach, wenn man wie Sisyphos den Sinn aus den Augen und den Fortschritt aus dem Blick verliert. Ich dokumentiere mir, was bisher erreicht wurde und wofür das Ganze gut ist. Das verleiht Flügel auf lange Sicht.«

Frank Dopheide, Inhaber human unlimited

»Mein Lebensatem ist mein Glaube und die Gewissheit, dass ich geliebt bin. Für die Liebe meiner Familie muss ich nichts leisten, das macht mich gelassen. Und mir gibt Kraft, wenn ich meine Wirksamkeit spüre: Meine Arbeit ist nicht vergeblich. Und mir gibt Kraft, wenn ich das Vertrauen meiner Kolleg*innen spüre, denn gemeinsam sind wir stark.«

Anja Würzberg-Wollermann, NDR Kulturchefin

»Kraft verbinde ich mit den Begriffen Energie, Vitalität und Bewegung. In Bewegung zu bleiben und nicht in alten Mustern zu verharren, ist für mich existenziell. Das Wissen um mein Wirken, die Sinnhaftigkeit meines Tuns und das ›**Wie** bin ich eigentlich hierhergekommen?‹, hilft mir, in der Kraft zu bleiben. Warum? Ich kann dieses Wissen zu jeder Zeit abrufen und damit schenke ich mir Geduld und Gelassenheit.«

Martina Nitschke, Geschäftsführerin VGV Verwaltungsgesellschaft für Versorgungswerke mbH, Kapitalanlagen, Personalentwicklung

Fragen zur Selbstreflexion

- Was hilft mir, in meiner Kraft zu bleiben?
- Welche Selfcare-Strategien lassen sich auch in einen fordernden Tag integrieren?
- Was kann ich sein lassen oder vermeiden, weil ich weiß, dass es mir Kraft raubt?

Die getreueste Version von mir selbst

Eine weitere wunderbare Möglichkeit, sich selbst wieder auf den Pfad der Selbsttreue zu bringen, ist die Entwicklung einer Vision des eigenen Selbst. (Abb. 14) Prof. Richard Boyatzis erforscht seit vielen Jahren die positive Wirkung, die die Arbeit mit dem *Ideal Self* auf Menschen hat.[24] In einem intensiven Coaching werden Menschen dazu angeregt, ein Bild von der Person zu entwerfen, die sie sein möchten. »*Wer möchten Sie sein*?«, fragt Boyatzis eindringlich. Diese Frage zielt nicht auf Antworten, die außerhalb unseres Einflussbereichs liegen, wie »Ich möchte eine gefeierte oder von anderen geschätzte Person sein«, sondern es geht um Antworten, die wir selbst beeinflussen können. Wer möchten Sie als Mensch sein? Als wer möchten Sie sich erleben? Auf welcher Wertebasis? Oder: Wer möchten Sie als Führungskraft sein? Antwort: »Eine vertrauenswürdige Führungskraft oder eine klare, mutige oder entschlossene Führungskraft.« Die Frage nach dem Ideal Self klingt wie viele Coachingfragen sehr einfach. Es ist aber alles andere als einfach und ein Prozess, die wahren, sich selbst treuen Antworten zu finden. Nehmen Sie sich deshalb Zeit und Raum dafür. Es lohnt sich.

Wer *möchten Sie sein?*

Wenn wir die Vision von uns selbst kennen, gibt sie uns Orientierung im Alltag. Wenn ich weiß, wer ich im Großen sein, will, kann ich daraus ableiten, wer ich in einer akuten Situation sein will. Wer möchte ich *jetzt* sein? Wer möchte ich *gerade jetzt* in diesem Meeting sein? So

Abb. 14: Wenn wir eine Vision von uns selbst haben, können wir uns nach dieser Vision ausrichten – wir sind uns selbst der beste Nordstern

können wir uns in konkreten Alltagssituationen diese Innen-Orientierung geben und uns entscheiden, die Vision des eigenen Selbst sofort zu zeigen und die klare Führungskraft zu sein, die wir sein möchten. Durch die Arbeit mit dem Ideal Self werden wir zu unserem inneren Maßstab. Es geht hier jedoch nicht um ein perfektionistisches Selbst, das an Wünsche anderer angelehnte Super-Ideal-Ich. Das wäre ein Superhelden-Missverständnis und, wie Boyatzis es nennt, unser *Ought Self*: wie andere uns am liebsten hätten. Es geht beim Ideal Self um das Selbst, das mit unserem echten Wesen in bestem Einklang ist, denn das Ideal Self wird immer von unseren tiefen inneren Werten und Überzeugungen getragen (Core Values). Wir dürfen uns die Fragen stellen: *Warum* will ich dieser Mensch sein? Was motiviert mich im Innersten dazu? Was ist mir dabei aus welchem Grund wichtig? Wir dürfen also mit unseren persönlichen Werten in unsere persönliche Tiefe gehen, Arbeit an den Wurzeln leisten. Kennen wir als Führungskraft unsere Wertewurzeln, können wir stabile Grundhaltungen einnehmen, die uns in stürmischen Zeiten den wichtigen Halt geben.

Selbsttreue, Authentizität und Selbstveredelung

»Es ist also immer gut, als Führungskraft authentisch zu sein, oder?« werde ich gerne in Seminaren gefragt. Nein, da muss ich Sie leider enttäuschen. Authentisch bedeutet lediglich, emotional aufrichtig und echt zu sein. Authentizität ist, wenn das Denken, Fühlen und Handeln eines Menschen im Einklang stehen. Authentizität ist somit etwas Wertvolles, beinhaltet aber nur *eine* Seite von Selbsttreue. Wenn jemand authentisch handelt, aktualisiert er lediglich das, was er bereits (geworden) ist. Er zeigt »nur« das, womit er mit sich im Einklang und somit im inneren Komfort ist. Nehmen wir eine emotional authentische Führungskraft, die vor ihrem Team steht und den verlorenen Pitch, in dem so viel Arbeit steckte, sichtbar stark betrauert und sichtlich berührt reagiert. Wenn es sich um ein ehrliches Gefühl der Person handelt, erlebt man ihn oder sie dann als authentisch. Hat eine Führungskraft für sich eine persönliche Vision erarbeitet, ein Ideal Self, dann könnte die Reaktion ganz anders ausfallen. Angenommen, auf die Frage »Wer möchtest du sein in so einer Situation?« hätte die Führungskraft erarbeitet, dass sie aus Gründen tief verstandener Professionalität nicht so emotional reagieren möchte, sondern eher »cooler« und »sportlich«, dann wäre sie selbsttreu, wenn sie ihre Emotionen der Enttäuschung nicht dominieren lässt, sondern eher lässiger und entspannt-sportlich auftritt. *Selbsttreue ist also ein Wechselspiel zwischen dem, der man ist, und dem, der man sein will*: ein Pendeln zwischen der Aktualisierung dessen, was man bereits (geworden) ist, und dem ständigen Werden dessen, wer man sein will. Dieses Ideal Self wird jedoch nie zu 100 Prozent erreicht, sonst wäre es kein Ideal. Es dient also nur dazu, uns innerlich auf unser wirkliches bestes Selbst auszurichten. Sollten wir an unserem definierten Ideal schon so gut wie dran sein, kann es sich im Rahmen einer lebenslangen Weiterentwicklung lohnen, wieder eine Next-Level-Ideal-Self-Qualität zu definieren. Als neuen Nordstern, auf den wir uns zubewegen können. Das Leben und Arbeitsleben kann als ein lebenslanger Verfeinerungsprozess unsere Persönlichkeit verstanden werden.

Authentizität als universeller Wert im zeitgenössischen Business ist noch aus einem anderen Grund hinterfragenswert, denn Authentizität berücksichtigt nie die Haltung einer Person. Drama-Self-Hero-Zustände äußern sich gerne darin, dass jemand laut wird, andere anklagt und die eigene Unfehlbarkeit zur Schau stellt, und Menschen reden sich gerne damit heraus, dass sie sagen: »Ich musste das einfach mal rauslassen, weil ich authentisch sein wollte.« Authentizität an sich ist kein mentales Qualitätsmerkmal. Auch Jammern, Nörgeln, Lästern, Beschimpfen kann unter dem Deckmantel des ungefilterten Rauslassens mit dem Begriff der Authentizität beschönigt werden. Selbsttreue hingegen kann als *kultivierte Authentizität* verstanden werden, die unsere mentale Hygiene, unsere Wirksamkeit und damit unsere wirklichen Stärken, Werte, Kompetenzen und Grenzen einschließt. So wie es zur Selbstpflege gehört, gekämmt und mit geputzten Zähnen zur Arbeit zu erscheinen, kann es auch attraktiv sein, mental aufgerichtet (in einer wirksamen Haltung: Real Self) in Meetings aufzutauchen. Durch das Ideal Self beinhaltet Selbsttreue darüber hinaus den eigenverantwortlichen Anspruch der *Selbstveredelung*, die bestmögliche Variante seiner selbst zu leben. Selbsttreue, wie wir sie am Institut verstehen, ist also *kultivierte Authentizität mit einem Spin persönlichen Wachstums.* Dieses Spannungsfeld von Realität und Ideal-Selbst, das sich vor allem im Inneren einer Person abspielt, kann batteriegleich sehr energetisierend sein, weil Herausforderungen nicht nur als lästige Anstrengung gesehen werden müssen, sondern immer auch die Chance auf ein Über-sich-Hinauswachsen beinhalten. Wenn ich bei der dritten unvorhergesehenen Herausforderung im Führungsalltag zumindest mir selbst und meinen Werten treu geblieben bin, gehe ich durch die Erfüllung meines Anspruchs an mich selbst selbstbestätigt aus dem Tag, auch wenn im Außen noch nicht alles gelöst ist.

Offenheit wagen in Meetings

Selbsttreu zu werden, bedeutet immer, intrinsisch motivierte Veränderungen anzugehen. Das kann eine große Veränderung sein, indem wir Unternehmen, Rollen oder Arbeitsformen verändern. Selbsttreue kann sich aber auch auf einer vermeintlich kleineren, aber nicht weniger wirkungsvollen Ebene zeigen. Wir können im Verhalten im Alltag mehr an uns selbst ausrichten, wie beispielsweise unsere Kommunikation als Führungskräfte selbsttreu gestalten. Vielleicht verlaufen unsere Meetings seit geraumer Zeit in einer Weise, dass wir weder inhaltlich noch emotional wirklich zufrieden sind – ein Zustand, der laut den Untersuchungen von Steven G. Rogelberg sehr weit verbreitet ist.[25] Als selbsttreue Führungskräfte können wir hier – anstatt das Gefühl weiter zu ignorieren – mutig und klar unseren eigenen Eindruck formulieren. Hierbei ist es wichtig, in der balancierten Haltung (Real Self) zu sein und in Ich-Botschaften zu sprechen. Dann steht dem Ansprechen von eigener Wahrnehmung nichts mehr im Weg. Das gilt auch für das Ansprechen von lange zurückgehaltenen eigenen Zielen oder Bedürfnissen. Das klare Äußern von innerlich wichtigen Inhalten bringt uns im selben Moment in Kontakt mit uns selbst. Aufrichtigkeit macht uns stark und wirkt selbstbestätigend. Das wirkt so, als würden wir uns selbst durch unser Verhalten applaudieren.

»Kann ich denn überhaupt so schnell meine Meeting-Gewohnheit ändern?«, kann der Zweifler in uns fragen. James Clear schenkt uns in seinem Buch *Die 1%-Methode* die smarte Idee, dass wir Gewohnheiten sehr schnell verändern können, wenn wir eine bewusste Wahl treffen, welche Identität wir dazu annehmen müssen.[26] Am Beispiel des Laufens lautet die Aufforderung von ihm ungefähr so: »Versuchen Sie nicht krampfhaft, öfter zu laufen. Werden Sie stattdessen ein Läufer! Wenn Sie Läufer **sind**, dann wird Laufen nicht mehr zum Ziel, das von Ihnen weit entfernt ist. Laufen ist für Sie als Läufer Teil Ihrer Identität. Dann zahlt jeder Lauf auf Ihre neue Identität ein.« Die Beschäftigung mit dem, *wer* wir sein *wollen,* macht also nachhaltig Sinn, wenn wir beruflich und persönlich wachsen wollen. Versuchen Sie also nicht, klarer zu kommunizieren, sondern werden sie eine selbsttreue Führungskraft. Jede klare und transparente Kommunikation mit den Mitarbeitenden zahlt auf Ihre Identität als selbsttreue Führungskraft ein. So stärken Sie sich durch aufrichtiges und selbsttreues Handeln. Ist das nicht wunderbar? Wir finden den Maßstab in uns selbst und halten uns daran. So sind wir eigenverantwortlich und zutiefst souverän.

Übrigens kann es für den eigenen Krafthaushalt besonders reizvoll sein, wirklich gefühlte Grenzen zu setzen und Dinge einzufordern. Viele Superhelden tun sich nämlich viel zu lange schwer damit, Hilfe oder Unterstützung anzunehmen, und so werden die eigenen Grenzen gerne freiwillig gedehnt. In dem Moment, in dem wir uns wieder mit uns selbst verbinden, merken wir, dass wirklich bestimmte Grenzen der Zumutbarkeit erreicht sind. Häufig höre ich unterschiedliche Themen wie Überlastung durch nicht nachbesetzte Stellen, Nichteinhaltung von Gehalts- oder Beförderungszusagen oder bisher unkommentierte Minderleistung von Mitarbeitenden. *Selbsttreue kann auch gelebt werden, indem wir Klarheit schaffen.* Diese neu erlebte Klarheit trägt ganz nebenbei auch zur Stärkung der eigenen psychischen Gesundheit bei.

Klar werden und unsere Grenzen setzen – das lädt Akkus schnell auf!

Karrierekiller Ehrlichkeit?

Wir sollten für uns klären, ob wir in dem Unternehmen, in dem wir uns gerade befinden, richtig sind. Sind wir in einem Unternehmen richtig, dann werden wir, wenn wir uns selbsttreu einbringen, inhaltlich und emotional weiterkommen und erfolgreich sein. Blicken wir aber überwiegend in ratlose Gesichter, erzeugen Unverständnis, Widerstand oder Ignoranz, obwohl wir aufrecht agieren, dann empfehle ich, ernsthaft über eine Veränderung nachzudenken. Selbsttreue braucht nämlich ein für uns geeignetes Umfeld. Wir sind soziale Wesen, die auf positive Resonanz angewiesen sind. Wir sollten uns also eine Kultur suchen, die zu uns passt und wir zu ihr, sonst sind wir wie ein Hamster im Aquarium oder ein Frosch in der Wüste. Wir können dann zwar *über*leben, aber erstens bräuchten wir unendlich viele Kompen-

Passt mein Arbeitsumfeld zu mir oder bin ich ein Frosch in der Wüste?

sationsmechanismen und zweitens werden wir vermutlich niemals in unseren eigenen Qualitäten die Würdigung erfahren, die wir als Frosch im Froschteich oder Hamster im Feld erleben.

»Ich stehe als Führungskraft zwischen so vielen Stakeholdern und muss alle bei Laune halten. Wie kann ich mir denn da treu bleiben?«, fragte mich eine Führungskraft in einem Coaching. Diese Frage kann ich sehr gut verstehen, denn es geht um das Spannungsfeld, dem alle Manager, nicht nur jene in Sandwichpositionen, ausgeliefert sind. Selbst auf Geschäftsführungsebene agiert niemand ohne offen und verdeckt ausgetragene Konflikte mit anderen Stakeholdern. Alle Leitungs- und Führungspositionen müssen einen Umgang mit den vorhandenen Spannungen finden. Die wichtigste Frage, die wir für uns beantworten sollten, ist: Gibt es für mich persönlich und professionell innere gute Gründe, mich für diese Spannungen zur Verfügung zu stellen? Diese Gründe können sehr unterschiedlich sein, sie zählen jedoch nur dann, wenn sie eine echte innere Bedeutung (Verbindung zu uns selbst) haben. Im Folgenden finden Sie eine Liste von möglichen guten Gründen.

Am einfachsten ist es, wenn Sie sie anhand einer Skala ehrlich für sich reflektieren (1 = das trifft gar nicht zu und 10 = das trifft vollkommen zu):

- Mein Unternehmen trägt zu einer lebenswerteren Welt bei – und dazu möchte ich meinen Beitrag leisten.
- Ich bin mit der Marke des Unternehmens und mit dessen Botschaft im Herzen verbunden.
- Meine Abteilung arbeitet an überzeugenden Lösungen – und das nehme ich auch im Alltag wahr.
- Meine Kompetenzen tragen zu inhaltlichen oder emotionalen Verbesserungen in der Abteilung oder im Unternehmen bei.
- Meine Aufgaben befriedigen mich, weil im Wesentlichen meine Stärken abgefragt werden.

- Die Verbindung mit den Menschen in meiner Arbeit bedeutet mir viel, da wir in dieselbe Richtung arbeiten.
- Die Arbeitsumgebung und die Rahmenbedingungen (Räume, Ausstattung, Gehalt) gefallen mir und bedeuten mir viel.

Ergebnis:

- 1–20: Es gibt offensichtlich momentan wenige innere Gründe, die Sie an Ihr Unternehmen binden.

  Empfehlung: Gehen Sie in einen Reflexionsprozess, ob Sie diese Gründe noch entdecken können. Gab es früher gute Gründe? Können Sie diese wiederentdecken? Was ist, wenn Sie auf Ihr Unternehmen und Ihre Abteilung nochmal fair schauen? Gibt es hier nichts, was Sie überzeugt, schauen Sie am besten nach Alternativen. Starten Sie mit der Reflexion über Ihre eigenen Stärken, Werte und Ziele.

- 20–45: Es gibt sowohl positive als auch schwierige Aspekte in Ihrer derzeitigen Tätigkeit.

  Hier hilft ein ehrliches Innehalten, um zu sehen, in welche Richtung sich die Waage neigt und ob die momentane Bewertung derzeit nachvollziehbare Gründe hat, die aber vielleicht bald projektbedingt vorbei sind. Welche Gründe können Sie finden, um sich wieder stärker zu identifizieren, Gründe, die Ihr Herz höherschlagen lassen und Sie weitermachen lassen? Bauen Sie Ihre Identifikation auf und bleiben Sie am Ball. Wenn die Waage in die andere Richtung ausschlägt, bleiben Sie wachsam und flexibel in Ihren Plänen.

- 45–70: Eine echte Win-win-Situation zwischen Ihrem Unternehmen und Ihnen. Ihre Werte und die des Unternehmens matchen wirklich gut.

  Herzlichen Glückwunsch! Beste Voraussetzungen, um erfolgreich zu sein und in der eigenen Kraft zu bleiben.

Gerade in unruhigen Zeiten hilft uns ein selbsttreues Leben und Arbeiten, da es uns mit uns selbst und unseren Werten und Idealen verbindet. Auf dem Fundament eigener Werte und Überzeugungen lässt sich viel leisten, auch manche Durststrecke überwinden. Wenn wir uns in uns selbst verwurzeln, können wir im Alltag produktiv sein und unsere Köpfe mutig in die Lüfte strecken, um wirtschaftlich und menschlich zu wachsen und auch andere wachsen zu lassen. Die Themen, die als Führungskräfte vor uns liegen, sind nicht einfach oder per Knopfdruck zu lösen. Wie können wir die Herausforderungen meistern, ohne uns dabei selbst zu verlieren? Darum geht es im folgenden Kapitel.

ESSENZ FÜR EILIGE

Selbsttreue bedeutet, in größtmöglicher Stimmigkeit zwischen Innen und Außen zu leben. Diese Selbst-Verwirklichung stärkt das Gefühl der Selbstwirksamkeit, stabilisiert unser Selbstbewusstsein und unser Selbstvertrauen.

Selbsttreue erfordert eine wahrhaftige Auseinandersetzung mit sich selbst, mit den eigenen Werten, Bedürfnissen und Grenzen.

Nur aus einer Real-Self-Haltung heraus können Menschen eine wahrhaftige Verbindung zu sich selbst aufbauen und Momente der Wahrhaftigkeit erleben.

Einige Faktoren erschweren das genaue Hinschauen und Hinspüren: die Superhelden-Haltung, in der Menschen glauben, »mit allem fertig zu werden«, und der goldene Käfig der Privilegien wie Geld, Status, soziale Anerkennung.

Wenn die Diskrepanz zwischen Innen und Außen zu groß wird, entsteht Unwohlsein oder sogar Schmerz auf körperlicher oder seelischer Ebene. Menschen neigen dann zu ungesunden Kompensationen wie übermäßigem Alkoholkonsum, übermäßigem Essen oder anderen dysfunktionalen Verhaltensweisen.

Unwohlsein und Schmerzen können als »Signale des Wächters des menschlichen Wohlbefindens« interpretiert werden und können ein Weckruf sein, die entsprechenden Veränderungen vorzunehmen.

Die Treue zu sich selbst gilt sowohl im Berufs- als auch im Privatleben. Es gibt kein gesundes Leben im Falschen.

Selbsttreue ist kein Zustand, der einmal und für immer erreicht wird. Sie wird durch einen Prozess der Selbstreflexion immer wieder neu aufgebaut, daher ist Selbsttreue ein lebenslanger Prozess.

Die Entwicklung einer Vision von sich selbst (Ideal Self) ist eine Hilfe zu mehr Selbsttreue. Eine Vision des eigenen Selbst (Ideal Self) ermöglicht Orientierung und damit Kraft.

Dritte Strategie: Perspektivenvielfalt statt Eindimensionalität

Wir Menschen können unter Stress auf eine innere Schmalspur geraten, auf der wir unsere Aufmerksamkeit nur noch auf einen einzigen Aspekt lenken, engstirnig und eindimensional werden. Weiten wir unseren Blick wieder und treten in Verbindung mit uns selbst, mit unseren Aufgaben und den anderen Menschen, dann finden wir zu einer gesunden Produktivität zurück.

Francesco war so glücklich wie noch nie, sein Golflehrer schaute zufrieden. Wochenlang hatte Francesco an seinem Abschlag gearbeitet, heute konnte er endlich alles umsetzen, was er gelernt hatte: Der Ball flog und flog, so weit, wie es sein sollte. »Jetzt habe ich es raus«, entfuhr es Francesco, »ab jetzt muss ich nur noch genau so weitermachen.« Zehn Minuten später sah man Francesco laut fluchend auf den Ball einschlagen. Da war nichts mehr von dem Flow von vorher. Der Trainer versuchte, mit ihm zu reden, um ihm wichtige Tipps zu geben – ohne Erfolg. Francesco legte einen Ball nach dem anderen auf den Abschlagpunkt, holte hektisch und atemlos aus und ein Ball nach dem anderen landete viel zu früh im Feld. Doch er konnte nicht aufhören: »Ich mache weiter, bis es wieder funktioniert!«

Diese Geschichte zeigt uns, dass wir uns manchmal selbst im Weg stehen können, selbst wenn alles gut läuft. Francesco ist in die Superhelden-Falle getappt, indem er annahm, dass er sich von nun an nur noch auf **eine** Sache konzentrieren müsse. Durch diese verengte Perspektive verlor er den Kontakt zu sich selbst und damit auch zu der entspannten Bewegung seines Körpers. Er bemühte sich immer mehr, den richtigen Abschlag hinzubekommen. Auch die Verbindung nach außen war gekappt. Taub für die Ratschläge des Trainers, war er gefangen in seinem *Tunnel der reinen Aufgabenorientierung*. In unserem anspruchsvollen Führungsalltag können wir leicht in einen zu engen Wahrnehmungsfokus geraten. Oft konzentrieren wir uns ausschließlich auf die Sache, also unsere Aufgaben und die gewünschten Ergebnisse. Die To-do-Listen sind immer zu lang und manchmal sagen wir uns dann: »Augen zu und durch. Wenn ich mich anstrenge, schaffe ich das schon. Grenzen? Kenne ich nicht!« Die Frage, wie es uns geht, stellen wir uns nicht! »Helfen kann mir sowieso keiner. Das muss ich schon allein schaffen!« Kommt Ihnen das bekannt vor? Wir sind in unserer Haltung in den Drama-Modus gerutscht. Der Ausdruck »Augen zu und durch« drückt es bildlich aus: Wir entscheiden uns, unsere Sinne auszuschalten und einfach weiterzumachen. Wenn wir die Augen schließen, verlieren wir den Kontakt zu unserer Umwelt und zu unserem Team. Konzentrieren wir uns zu sehr auf unsere Aufgaben, verlieren wir auch den Kontakt zu uns selbst – wir verlieren uns im *blinden Aktionismus*. Neben dem blinden Aktionismus gibt es noch zwei weitere Falltüren, die fatale Auswirkungen haben können: das *Um-sich-selbst-Kreisen* und *die Überfürsorglichkeit für andere*. Doch eins nach dem anderen.

Unter Stress geraten wir in die Falle der Eindimensionalität! Augen zu und durch. Das ist kein guter Ratgeber!

Aus meiner Coachingpraxis

Nicole war eine Sportmanagerin. Sie war begeistert von ihrer Aufgabe und dem Produkt, für das sie verantwortlich war. So stürzte sie sich gleich zu Beginn ihrer Tätigkeit in die Arbeit und der Erfolg ließ nicht lange auf sich warten. Schnell wurde ihr Verantwortungsbereich größer und sie war bereit, sich dem wachsenden Erfolgsdruck zu stellen. »Ich war in dieser Zeit nicht einen Tag krank«, erzählte sie mir, als wir uns Jahre später zu einem Coaching trafen. »Obwohl ich viel zu wenig geschlafen und mich ehrlich gesagt auch schlecht ernährt habe.« »Und wie ist Ihre Karriere dort weitergegangen?«, fragte ich sie. »Nach sieben Jahren bekam ich plötzlich so starke Schmerzen in der Brust, dass ich zum Arzt ging. Die Diagnose: Herzmuskelentzündung! Ich war schockiert. Ich bin dann fast ein Jahr ausgefallen. Das war eine schlimme Zeit.« Nicole kam mit dem Vorsatz zu mir, die alten Fehler nicht zu wiederholen. Sie wusste, dass sie immer sehr engagiert arbeiten wollte. Sie hatte Angst, wieder in die gleiche Falle zu tappen. Deshalb wollte sie aus ihren Fehlern lernen, um sich besser aufzustellen.

Ich skizzierte ihr die drei INHESA-Dimensionen, die zu nachhaltiger Leistungsfähigkeit und Wohlbefinden beitragen. Die wichtigste Fähigkeit im Well-Working ist das »Bei-sich-Sein«. Voraussetzung dafür ist die Real-Self-Haltung. Aus dieser gestärkten inneren Mitte heraus können wir uns unseren Aufgaben widmen: »Bei der Sache/Aufgabe sein«. Da wir in den Projekten auch mit anderen Menschen zusammenarbeiten, werden wir auch immer wieder »Bei anderen sein«. Wenn wir nachhaltig in Wohlbefinden arbeiten wollen, brauchen wir ein Wechselspiel zwischen diesen drei Ebenen, wobei im Idealfall die Verbindung zu uns selbst möglichst stabil bleibt, aber auch hier wäre Perfektionismus ein schlechter Ratgeber. Ohne »Bei-sich-Sein« ist kein Erfolg von Dauer. Der Verlust der Verbindung zu uns selbst wird sich früher oder später immer rächen. Wir riskieren dann Leistungseinbrüche, körperliche oder seelische Probleme. Wenn wir mit uns verbunden sind, sind wir in unserem persönlichen Kraftzentrum. Dieses »Bei-sich-Sein« kann sehr gut durch eine entspannte Selbstbefragung unterstützt werden. Eine Art freundschaftlicher Zuwendung gegenüber uns selbst. Wir Menschen befinden uns ohnehin in einem ständigen inneren Dialog in unserem Denken und Fühlen. Wichtig ist nur, diesen Dialog mit sich selbst bewusst zu führen.

Bei sich sein – Bei der Sache sein – Beim anderen sein. Dann funktioniert es gut!

Nicole schaute nachdenklich auf meine Skizze mit den drei Dimensionen. »Hm ... wenn ich das so sehe, war ich wirklich in meinen Aufgaben versunken. Ich hatte die Verbindung zu mir selbst gekappt und auch die Verbindung zu meinen Kollegen und auch zu meinen Mitarbeitern war sehr brüchig. Irgendwann war ich eine einsame Superheldin.«

Um mit uns selbst in Kontakt zu bleiben, können wir uns von Zeit zu Zeit bewusst Fragen beantworten: Wie geht es mir gerade? Wie geht es mir körperlich? Wie hoch oder niedrig ist mein Energieniveau? In welcher Haltung bin ich gerade? Bin ich gerade durchlässig für meine Gefühle oder bin ich abgekapselt? Gibt es reale Gründe für diesen Schutzmechanismus oder sind es nur die Folgen meiner verzerrten Perspektive? Was brauche ich gerade, körperlich, geistig, sozial? Das Wichtigste dabei ist, dass wir mit uns als wahrnehmendes, fühlendes Wesen in Kontakt kommen und uns ehrlich wahrnehmen. Reine Kopfantworten, wie sie gerne gegeben werden, wenn wir im Smalltalk auf die Frage »Wie geht's dir?« pfeilschnell mit »Sehr gut« antworten, helfen nicht weiter. Es geht darum, wirklich in uns hineinzuhorchen: Wie geht's mir *wirklich*? Wir brauchen Sensorship. Gerade in der heutigen Zeit, in der viele äußere Reize und Anforderungen auf uns einströmen, brauchen wir das »Bei-sich-Sein« als inneres Gegengewicht. »Bei sich sein« bedeutet auch, sein berufliches und privates Umfeld immer mehr so zu gestalten, dass die Momente, in denen wir uns von uns selbst entfernen, minimiert werden. Charismatisch erleben wir Menschen, denen es gelingt, in jeder Situation bei sich zu sein oder zu bleiben, wobei ich hier die Erfahrung gemacht habe, dass die Selbstwahrnehmung eines Menschen nicht immer den äußeren Eindruck bestätigt. Wir dürfen also großzügig mit uns selbst sein. Druck und Perfektion sind die falschen Ratgeber, denn sie stammen aus der Welt der Superhelden. »Bei sich sein« ist ein Gut, und wir können diesen Zustand wie eine perfekte Ordnung immer nur anstreben, aber nie fixieren! Im Alltag verlieren wir die Bewusstheit für uns selbst. Aber die regelmäßige Suche danach ist elementare Voraussetzung, um auf Dauer leistungsfähig und gesund zu bleiben.

Berufliches und privates Wohlbefinden

Das »Bei-sich-Sein« endet natürlich nicht mit dem Verlassen der Firma oder dem Herunterfahren des Laptops. Wer bei sich sein will, braucht auch ein möglichst *wesensgemäßes Privatleben*. Für das eigene Wohlbefinden lohnt es sich, sowohl nach Kraftquellen Ausschau zu halten, die zu uns passen, als auch nach Energiefressern, die wir nach und nach aus unserem Leben entfernen können. Energiefresser sind zum Beispiel für uns unpassende Wohnverhältnisse (als ruhebedürftiger Mensch an der Autobahnauffahrt oder als kulturliebender Mensch auf dem Land), schlechte Ernährungsgewohnheiten (»Weil meine Familie Fastfood liebt, esse ich das auch«), ungelöste Konflikte (»Ich kann Weihnachten nicht so verbringen, dass es mir gut geht, sonst sind meine Eltern enttäuscht«). Es geht also beim »Bei-sich-Sein« um eine ganzheitliche Sicht auf das eigene Leben oder, wie es Dr. med. Mirriam Prieß formuliert: »Die Grundlage für die eigene Gesundheit ist, mit sich selbst in Beziehung zu stehen und ein authentisches Leben zu führen.«[27] Durch das »Bei-sich-Sein« entwickeln wir eine starke persönliche Mitte. Auf der körperlichen Ebene nennt Joseph Pilates die körperliche Mitte das Powerhouse, bestehend aus dem Beckenboden, dem Korsettmuskel, dem Zwerchfell und den tiefen Muskeln der Wirbelsäule, das somit die Mitte jedes menschlichen Körpers bildet. Durch das Training dieser Körperbereiche wird nach Pilates die »Kraft aus der Mitte« gestärkt, ein Begriff, der auch in der Kampfkunst von Bedeutung ist. Was körperlich gilt, lässt sich auf das geistig-emotionale Kraftzentrum übertragen. Wenn wir stark mit unserer eigenen Mitte verbunden sind, sind wir innerlich gestärkt und können mit Anforderungen aller Art viel besser umgehen. Es lohnt sich also immer, mit sich selbst in enge Verbindung zu treten, sich selbst wahrzunehmen und ernst zu nehmen, für die eigenen Werte einzustehen, sich klar zu den eigenen Bedürfnissen und Grenzen zu bekennen – und fair sowie großzügig zu sich selbst zu sein. Sonst sind wir wieder in die Superhelden-Falle getappt, die von sich selbst Perfektion und Opfer verlangt. Schnell raus da und rein ins geerdete Real Self!

Druck und Perfektion sind falsche Ratgeber, denn sie stammen aus der Welt der Superhelden. Großzügigkeit und Fairness sind die besseren Begleiter.

Eindimensionalität macht uns instabil – wir brauchen die Perspektivenvielfalt

Aber natürlich reicht es nicht, bei sich selbst zu bleiben, um als Führungskraft erfolgreich zu sein. Wir brauchen immer den weiten Blick in andere Dimensionen, vergleichbar mit einem Weitwinkelobjektiv, das dem Fotografen einen größeren Blickwinkel als die normale Perspektive ermöglicht. Mit unserem Weitwinkel blicken wir möglichst in drei Dimensionen: auf die Aufgaben, auf uns selbst und auf die anderen: Das ist Perspektivenvielfalt.

Wenn wir gut mit uns selbst verbunden sind, können wir uns leicht mit unseren Aufgaben und mit anderen Menschen verbinden. Wir haben dann ein funktionierendes Sensorship. Im Idealfall sind wir *immer* mit uns selbst, unseren Aufgaben und den Menschen, die uns wichtig sind, verbunden, sodass wir ganzheitlich arbeiten können, ohne etwas Wichtiges zu übersehen. Aber die Praxis ist anspruchsvoller als die Theorie und erfordert manchmal das Runterdimmen von Perspektiven, weil nicht alles gleichzeitig geht. Wie bei einem intensiven Paartanz unter Wettkampfbedingungen, bei dem komplexe Bewegungsabläufe im Kontext von Können, Tagesform und gerade verfügbarer Zusammenarbeit koordiniert werden müssen, ist Perspektivenvielfalt eher als *immer wiederkehrende innere Korrektur* zu verstehen, die wir uns gönnen sollten, wenn etwas aus dem Ruder läuft.

Die drei Falltüren der Eindimensionalität

Gönnen wir uns einen Blick in die Fallen, in die wir gerne tappen: die drei Falltüren »Blinder Aktionismus«, »Um sich selbst kreisen«, »Überfürsorglichkeit für andere«.

Falltür 1: Blinder Aktionismus

Nicole war also in die Falle getappt, in die wir als Gern- und Vielleister immer wieder tappen: Wir geraten in blinden Aktionismus, werden eindimensional und eng in unserer Wahrnehmung. Im *blinden Aktionismus* sind wir nur noch im Tunnel unserer Aufgaben. Wenn wir erklären wollen, was hier vor sich geht, hilft uns wieder die Haltungsreflexion. Verfallen wir in den Drama-Modus, verlieren wir bekanntlich den Kontakt zu uns selbst. Als willensstarke Lösungssucher bleiben wir dann mit unserem Fokus bei unseren Problemen und Aufgaben, die viel Aufmerksamkeit auf sich ziehen. Ohne Verbindung mehr zu uns selbst gibt es auch keine Basis für eine echte Beziehung zu anderen. Andere kommen in unserer Eindimensionalität gar nicht mehr vor. So entsteht blinder Aktionismus – die ineffektive Seite der Superhelden, die mittelfristig immer in eine Sackgasse führt.

Wahrnehmung öffnen – Sinne an – in Austausch treten

Aus der Falle der Eindimensionalität hilft im ersten Schritt der bewusste Wechsel der Haltung: raus aus dem Drama, rein in die Bodenhaftung. Wir nutzen die Haltungstechniken zur Selbstregulation. Observer, Separieren, Haltungsinduktion des Real Self. Sind wir mental aufgerichtet, nehmen wir uns selbst wieder wahr und an Bord und suchen bewusst den echten Austausch mit anderen Menschen, in der Regel mit unserem Team. Dann fühlen wir uns nicht mehr allein, auch wenn sich faktisch noch nichts geändert hat. Immerhin haben wir jetzt gute Rahmenbedingungen für Lösungen geschaffen. Wir sind wieder mit uns selbst und der vielschichtigen Realität verbunden. In sehr festgefahrenen Situationen kann auch ein externer Coach helfen, die Perspektive zu öffnen, um wieder einen differenzierten Blick auf das Ganze zu bekommen.

Fragen zur Selbstreflexion

- Wenn ich meine Aufmerksamkeit gerecht reflektiere: Wie viel Prozent meiner Aufmerksamkeit widme ich gerade meinen Aufgaben? Wie viel widme ich mir selbst? Wie viel den anderen und meinem Team?
- Wie zufrieden bin ich mit meiner Leistung?
- Welche Haltung nehme ich während meiner Aufgaben meistens ein?

- Habe ich noch einen weiten Blickwinkel und bekomme Signale aus dem Gesamtbild, in dem ich und mein Team vorkommen?
- Was passiert, wenn ich mit mir selbst ins Gespräch komme? Kann ich mir das erlauben?
- Was passiert, wenn ich mein Team wieder ernsthaft einbeziehe und in den Austausch gehe?

Falltür 2: Um sich selbst kreisen

Der Drama-Self-Modus hat noch weitere Ausprägungen. Neben dem Superhelden gibt es bekanntlich auch das Opfer (Victim). Auch diese Facette des Drama-Modus ist leicht zu erkennen, wenn sie sich chronifiziert. Wir erkennen das Drama-Modus Victim daran, dass es nur noch um sich selbst kreist. Nur noch das eigene Befinden wird in den Blick genommen und wird so zur Befindlichkeit. Typisch ist, dass man als Victim keinen eigenen Anteil an einer Situation sieht. Im Drama-Modus Victim fühlen wir uns als hilfloses Opfer. Es passiert einem einfach. Die anderen sind an allem schuld, auch und gerade an schlechten Gefühlen. Wenn wir in den eindimensionalen Victim-Tunnel geraten, sind wir nicht mehr bei der Sache und natürlich auch nicht mehr in der Lage, die Perspektive der anderen wahrzunehmen und ernst zu nehmen. Wir sind gefangen in unserer mitleidigen Selbstbespiegelung.

Fragen zur Selbstreflexion

- Neige ich in meinen Selbstgesprächen zu einer Opferhaltung? Habe ich das Gefühl, selbst keinen Einfluss auf die Verbesserung meiner Situation zu haben, und sehe die Schuld vor allem bei anderen oder einem »System«?

- Kreisen meine Gedanken hauptsächlich um meine unglückliche Situation, ohne dass ich Ideen habe, was ich ernsthaft ändern könnte?
- Wie lange erzähle ich mir schon die gleiche Geschichte über mich und meine unglückliche Situation, an der ich nichts ändern kann?
- Bin ich bereit, meinen Fokus wieder zu erweitern und meinen Teil der Geschichte umzuschreiben?
- Welche Haltung nehme ich mir gegenüber meistens ein?
- Habe ich noch einen weiten Blick und bekomme ich Signale aus dem Gesamtbild, in dem meine Aufgabe und die der anderen Beteiligten ernst genommen werden?
- Was passiert, wenn ich mich selbst ernst nehme und mich wieder mit der Welt und meinen Aufgaben verbinde?
- Was passiert, wenn ich mein Team wieder ernst nehme und in den Austausch gehe?

Falltür 3: Überfürsorglichkeit für andere

Die eigene Perspektive kann auch durch den ausschließlichen Fokus auf andere Menschen verengt werden. Auch hier sind wir im Drama-Modus. In dieser Perspektive werden wir Dienstleister für jegliche Bedürfnisse anderer Menschen, fühlen uns verantwortlich für das Wohlbefinden aller Beteiligten und messen unseren Erfolg an der guten Stimmung anderer. Daher werden wir überfürsorglich, überempathisch und over-caring. Mit dieser Haltung fördern wir die Unselbstständigkeit der Menschen unseres Umfelds, da wir ihnen alles abnehmen und die Stimmung hochhalten. In der Drama-Haltung sind wir in der Retter-Haltung, und zwar einer Rettung, die niemand wirklich braucht. In diesen Kontext passt das Statement des Leadership-Experten John C. Maxwell: »Helping is the sunny side of control.« Um diese gute Stimmung zu erreichen, brechen wir den

Kontakt zu uns selbst ab, denn das würde uns in Konflikte mit eigenen Bedürfnissen bringen. Zudem haben wir keinen echten Fokus mehr bei unseren wirklichen Aufgaben – der missionarische Superheld kümmert sich nur darum, wie sich andere idealerweise verhalten sollten. Oft habe ich Führungskräfte kennengelernt, die aufgrund der Notwendigkeit, Personal zu halten, durch diese Falltür der Überfürsorglichkeit gefallen sind. Sie geben aus falsch verstandener Rücksicht kein klares Feedback, lassen Rückdelegation zu oder sorgen alleinverantwortlich für beste Stimmung im Team. Sie sind zum idealistischen und altruistischen Superhelden geworden, um durch Selbstaufgabe die Leute bei der Stange zu halten. Überfürsorge bringt uns, wenn wir nicht gegensteuern, direkt in die Erschöpfung. Eine Facette dieser Falltür erlebe ich in letzter Zeit in der Rolle von Business-*Missionaren*. Sie sind in die Falle der idealistischen Superhelden gelaufen, die nicht durch Taten, sondern durch idealistische Erwartungen moralischen Druck ausüben. Das betrifft offizielle, aber auch nicht offizielle Vertreter bestimmter Unternehmenswerte, die für sich genommen – aus einer balancierten Haltung – alle wertvoll und grundsätzlich erstrebenswert sind, etwa die Werte Inklusion, Nachhaltigkeit, Gendergerechtigkeit. Aus einer gestandenen Real-Self-Haltung heraus kommuniziert und mit klugen Strategien vorangetrieben, ist alles prima. Aus einer Drama-Self-Haltung heraus werden sie zu Fallen. Die moralische Bevormundung klingt im O-Ton erzieherisch: »Ihr müsst so denken! Der Wert X muss euch genauso wichtig sein wie mir!« Der Mensch ist also in strenger Beobachtung, ob die eigenen Werte den anderen endlich auch in Fleisch und Blut übergegangen sind. Der Fokus liegt also eindimensional bei anderen und führt immer zu Frustration, denn die anderen sind anders. Meist verschieden in Wichtigkeit und Werten. Aus vermeintlich guter Absicht (Die richtigen Werte ins Unternehmen tragen) werden andere Menschen zum ausschließlichen Fokus. Übrigens ist aus diesem Grund auch Burnout unter aktivistisch tätigen Menschen weit verbreitet. Praktische und ideelle Überfürsorglichkeit ist eine Falltür zur Selbstausbeutung.

Fragen zur Selbstreflexion

- Neige ich dazu, zum faktischen und emotionalen Bedürfnisbefriediger meiner Umgebung zu werden?
- Lächle ich in Situationen, in denen ich eigentlich an meine Grenzen stoße?
- Neige ich dazu, meinen Mitarbeiterinnen und Mitarbeitern Aufgaben abzunehmen, weil ich klare Worte scheue?
- Neige ich zur Überfürsorge und nehme mir jedes Problem meiner Mitarbeiterinnen und Mitarbeiter persönlich zu Herzen?
- Fühle ich mich allein verantwortlich für die gute Stimmung im Team?
- Missionarisch: Neige ich dazu, anderen meine Werte aufzudrängen, oder erwarte ich innerlich, dass alle meine Werte teilen?
- Bin ich persönlich enttäuscht, wenn jemand andere Werte hat?
- Beurteile ich jede Situation nach den Kriterien: richtig oder falsch?
- Welche Haltung nehme ich im Umgang mit anderen Menschen ein?
- Was passiert, wenn ich mich selbst ernst nehme und meine Rolle und Aufgabe differenziert betrachte?
- Wie verhalte ich mich, wenn ich alle drei Aspekte berücksichtige – die Aufgabe, mich selbst und die Eigenverantwortung aller Beteiligten?

Es ist also wichtig, wenn wir dauerhaft leistungsstark bleiben wollen, unsere Falltüren in die Eindimensionalität rechtzeitig zu erkennen und gegenzusteuern. Wir brauchen eine gute Beziehung zu uns selbst, zur Aufgabe und auch zu den Menschen um uns herum.

DER WEG IN DIE WIRKSAMKEIT DURCH PERSPEKTIVENVIELFALT

Bei der Sache & Bei sich sein & Beim anderen sein

WEGE IN DIE ERSCHÖPFUNG DURCH EINDIMENSIONALITÄT

Blinder Aktionismus | Um sich selbst kreisen | Überfürsorglichkeit für andere

Sobald wir uns selbst im Tunnel erleben, können wir kurz innehalten. Den Fokus bewusst zu weiten, ist zum Glück nicht anstrengend. Es ist so unanstrengend, wie bei einer Alpenwanderung von einer geeigneten Stelle aufs Rundum-Panorama zu schauen. Herrlich, weil wir ausatmend wieder mit der Welt verbunden sind. Das setzt unmittelbar Energien frei.

Schöpferische Verbindung in Teams

Natürlich ist es sinnvoll, die Idee der Mehrdimensionalität und damit der Perspektivenvielfalt auch in unsere Teams zu tragen. Aber Vorsicht ist geboten. Vielleicht sind Ihnen beim Lesen sofort Mitarbeiter oder Kollegen eingefallen, bei denen Sie blinden Aktionismus, Um-sich-selbst-Kreisen oder Überfürsorglichkeit »diagnostizieren« konnten. Sie sollten allerdings bei diesen Themen vor allem vor der eigenen Haustür kehren und den Fokus nicht auf andere verlagern. Auch hier würden Sie sich zum Missionar machen und sich selbst mehr schaden als nützen. Gönnen wir uns also diesen Rahmen, um vor allem unsere eigenen Schieflagen schnell zu verändern und zu korrigieren. Damit ist mehr erreicht, als man im ersten Moment denkt, denn es ist inzwischen aus vielen Quellen bekannt, wie mächtig der Einfluss stabiler Selbstführung auf die Produktivität und auch die Gesundheit der Mitarbeiter ist. Gelingt es uns also, aus den Falltüren der Eindimensionalität schnell in die Perspektivenvielfalt aufzusteigen, dann wird auch unser Team diese Flexibilität mitbekommen und zu schätzen wissen. »Show them, don't tell them«, heißt es im Bühnenkontext oder auch »Walk the talk«. Und Menschen lernen voneinander. Wenn Sie mehrdimensional auftreten, wird das andere auch inspirieren.

Wenn wir also beherzigen, immer wieder bewusst *den Blick und die Sinne zu weiten*, schaffen wir sehr gute Voraussetzungen, um dauerhaft produktiv und gesund zu arbeiten. Wir vermeiden Selbstausbeutung und Fehlentwicklungen aller Art, und wir wirken positiv auf unser Umfeld, indem wir die Balance zwischen Sach- und Beziehungsebene und einer guten Portion Selbstverantwortung halten.

ESSENZ FÜR EILIGE

Wenn Menschen zu lange in unwirksamen Haltungen verharren, verengt sich der Blick auf einen Aspekt und andere wichtige Zusammenhänge werden wie ausgeblendet. Sie werden engstirnig und eindimensional.

Um im Wohlbefinden produktiv zu sein, braucht es ein Zusammenspiel der drei Aspekte: »Bei sich sein«, »Bei der Sache oder Aufgabe sein« und »Bei den anderen sein«.

Geraten Menschen in die Drama-Self-Haltung, stecken sie in einem der drei Aspekte fest. Das kann beim Superhelden zu »blindem Aktionismus« oder zu »praktischer oder ideeller Überfürsorglichkeit führen, beim Opfer zum »Um-sich-selbst-Kreisen« Alle drei Falltüren untergraben nachhaltig Produktivität und Wohlbefinden.

Echtes Wohlbefinden erfordert ein wesensgemäßes Arbeiten und Leben.

Menschen, die aus einer starken Mitte heraus handeln und immer wieder den Panoramablick einnehmen, haben beste Voraussetzungen, dauerhaft gesund und erfolgreich zu sein, und haben damit eine gute Vorbildfunktion für ihr Umfeld.

Vierte Strategie: Individuation statt Anpassung

Individuation ist freiwilliges und persönliches Wachstum in das bisher Unmögliche. Indem wir als lernende Individuen in das bisher Unbekannte hineinwachsen, können wir einer sich verändernden Arbeitswelt erfolgreich begegnen.

Angespannt fuhr Tom vom Hof des Autohauses. Lange hatte er auf sein Traumauto gewartet. Alles wirkte irritierend neu: ein viel zu großer Wagen um ihn herum, viele Schalter und Optionen, die souverän bedient werden wollten. Hatte Tom sich übernommen? Das würde er niemals zugeben. Vorsichtig fuhr er weiter und nach einer Weile atmete er wieder ein und aus. Dann spürte er den leisen Zauber des Neuen. Das Auto roch unbekannt und die digitale Ästhetik war aufregend. Tom ließ sich vom Duft des Neuen in eine Neugierde hineinziehen. Mit jedem Tippen auf den Bildschirm gewann er etwas hinzu, wahrscheinlich einen neuen Raum zwischen ihm selbst und der neuen Aufgabe. In diesem Raum war alles möglich. Tom lernte, dass er mit allem umgehen konnte. Das Wichtigste war, dranzubleiben, den Geist offen zu halten, zuversichtlich zu bleiben und zu lernen. Zwei Wochen später fuhr er souverän mit seinem neuen Best Friend durch die Stadt.

Diese Geschichte führt uns vor Augen, dass Veränderungen und selbst die Erfüllung unserer Wünsche nicht ohne Gefühle von Irritation und Verunsicherung vonstattengehen. Wenn wir jedoch in die Herausforderungen mit der richtigen Einstellung hineinwachsen, lernen wir sehr schnell und gehen mit neuer Souveränität daraus hervor. Was ist also die beste Möglichkeit, wenn wir mit Veränderungen konfrontiert werden? Wir wachsen in unser individuelles, bislang ungelebtes Potenzial hinein, um auf der anderen Seite der Veränderung bestmöglich zu bestehen und das Neue aktiv zu gestalten. Was wie ein amerikanischer Werbeslogan klingt, ist nicht nur meine Erfahrung aus vielen Begleitungen von Menschen durch Krisen.

Der Psychoanalytiker C.G. Jung hat den Begriff der *Individuation* geprägt. Er verband damit die Vorstellung, dass jeder Mensch mit einem großen Persönlichkeitspotenzial auf die Welt kommt, von dem zunächst vieles nicht abgerufen wird. Er war der Meinung, dass wir die Aufgabe in unserem Leben haben, möglichst »ganz« zu werden. Dabei ging es ihm nicht um Perfektion, sondern um die Ausschöpfung aller persönlichen Facetten, die irgendwo in einem Menschen schlummern. Jung war damit der Erste in der Psychologie des 20. Jahrhunderts, der uns Menschen in der Pflicht sah, unser persönliches Wachstum bewusst zu fördern. Er sah darin sogar den Sinn menschlichen Lebens.

Inzwischen gibt es zahlreiche theoretische und empirische Ansätze zur Persönlichkeitsentwicklung und auch der Neurowissenschaften, die davon zeugen, dass wir sehr viel mehr Fähigkeiten haben als bisher gedacht und dass wir auf Flexibilität und Weiterentwicklung angelegt sind. Das stimmt zuversichtlich, denn wir können mehr als ahnen, dass die Gegenwart und die Zukunft von uns etwas verlangen werden, was wir nicht unbedingt schon in uns ausgebildet haben. Es reicht also nicht aus, der oder die zu bleiben, die wir gestern waren, schon gar nicht, wenn wir in den anstehenden Transformationen führend sein oder bleiben wollen. Eine Führungskraft, die selbst kraftvoll durch eine Transformation führen will, braucht selbst die Fähigkeit, immer wieder über sich hinauszuwachsen. Und damit meine ich nicht quantitatives, sondern qualitatives Wachstum. Niemand behauptet, dass dies einfach ist – aber es kann eine sehr spannende Reise in ein professionelles, menschliches Next Level sein.

Welches ungelebte Potenzial wartet in Ihnen darauf, realisiert zu werden?

Ohne Eigenmotivation können wir nicht wachsen

Unsere eigene Motivation zur Individuation ist eine entscheidende Grundlage für diesen Prozess und die kann uns leider niemand von außen verabreichen. Wie schon Reinhard Sprenger in seinen Managementbüchern ausführte, ist extrinsische Motivation ein Mythos. Selbst Faktoren wie eine gute Bezahlung oder gar Statussymbole verpuffen in ihrer Wirkung schnell und wir werden nichts durchhalten, wenn uns innerlich nichts zieht und nährt. Das gilt für das Thema Individuation genauso wie für unsere Rolle als Führungskraft. Wir sollten uns also fragen, was wir wirklich wollen. Wenn wir uns selbst treu und im Klaren sind, können wir uns der Kraftquelle echter Individuation zuwenden, denn Persönlichkeitsentwicklung setzt immer Energie frei. Durch Individuationsprozesse werden wir stärker, wacher, klarer, effektiver und belastbarer.

Individuationsprozesse oder auch persönliche Wachstumsprozesse lassen sich sehr gut mit einem körperlichen Trainingsprozess vergleichen. Sie ahnen es vielleicht schon: Es ist kein reines Zuckerschlecken. Es gibt Phasen während der eigenen Potenzialentfaltung, in denen Sie sich fragen, warum Sie sich das angetan haben. Aber viele von Ihnen werden auch körperliche Trainingsmomente kennen und wissen, dass nach der Anstrengung die Belohnung in Form einer besseren Kondition oder einer stärkeren Muskulatur kommt. Es lohnt sich also.

Wenn etwas in uns nach Veränderung ruft

Individuation im Erwachsenenalter wird nicht hormonell gesteuert, sondern wird meist durch innere Reize angestoßen. *Irgendetwas* in uns *drängt* uns, etwas zu verändern. Und dieses *Etwas* haben wir vielleicht lange unterdrückt oder beiseitegeschoben. Aber diese Impulse sind wie Korken unter Wasser: Immer wieder tanzen sie an die Oberfläche. Dies kann nur eine Facette unserer Persönlichkeit sein oder eine komplette Identitätsveränderung, die plötzlich anklopft. Ein Klient, der bisher vor allem sportlich aktiv war, entdeckte seine schöngeistig-sensible Seite und fühlte sich, obwohl er das bisher immer abgelehnt hatte, nun zu spirituellen Themen und Meditation hingezogen. Eine andere Klientin, die bisher keinen Sinn für Politik und schon gar nicht für Unternehmenspolitik hatte, war plötzlich von dieser Welt fasziniert und entwickelte gro-

Wachstumsdruck: Manchmal leiden wir, weil ein persönliches und berufliches Wachstum ansteht.

ße strategische Fähigkeiten, die sie vorher nie mit sich in Verbindung gebracht hatte. Da sich viele in Arbeitskontexten wertemäßig verbogen haben, begegnet mir in meinen Coachings auch häufig der Wunsch nach gelebter Integrität und Menschlichkeit. Was die US-amerikanische Autorin Brené Brown die heilsame und kraftgebende Vulnerabilität der Führungskräfte nennt[28], ist die Stärke, hinter der Fassade der Perfektion hervorzutreten und sich als Mensch zu zeigen. Individuation bringt also immer neue Seiten unserer Persönlichkeit zum Vorschein. Manchmal scheint es das Gegenteil von dem zu sein, was wir bereits an uns kennen, manchmal sind es nur andere Farben unserer Persönlichkeit. Führungskräfte, die schon viele Jahre auf der gleichen Position arbeiten, entwickeln häufig einen Wachstumsdruck, ohne dies bewusst formulieren zu können. Dieser äußert sich gerne in einem Jammern über die Mühen des Alltags. Die Bewältigung des Alltags benötigt viel Energie und daher ist keine Kraft vorhanden, über eine Veränderung überhaupt nur nachzudenken. Wenn ich meine Klienten damit konfrontiere, den Eindruck zu haben, dass trotzdem oder gerade deshalb ein Wachstumsschub anstehen könnte, sehe ich oft in zuerst überraschte und dann schnell überzeugte Gesichter. Gerade wenn wir in einem chronischen Lebensgefühl des Abarbeitens von lästigen Pflichten sind, empfiehlt sich ein bewusstes Innehalten. Nur durch ein In-sich-Hineinhören können wir die Signale empfangen, die uns auf ein besseres Level des Wohlbefindens führen werden. Wir brauchen Ideen, wie etwas attraktives anderes in uns entstehen kann. Das kann unseren beruflichen wie unseren privaten Kosmos betreffen. Wichtig ist lediglich, dass sich die Ideen in uns entfalten können und dass wir es selbst in der Hand haben, sie zu initiieren.

Fragen zur Selbstreflexion

- Gibt es irgendeinen Ruf in mir, etwas zu entwickeln? Klopft irgendetwas in mir an? Was ist das genau?
- Tauchen in mir über mehrere Monate oder sogar Jahre immer wieder Sehnsuchtsbilder auf? Welche Facetten von mir lebe ich

in diesen Vorstellungen? Was fällt in diesen Bildern weg, das möglicherweise aktuell meinen Alltag bestimmt?

- Spüre ich einen Wunsch nach Weiterentwicklung, nach einem Next Level? Gibt es einen Wachstumsdruck? Was kommt mir in den Sinn, das ich gerne von mir selbst in die Welt bringen würde?
- Reflektieren Sie Ihre Haltung in Bezug auf Ihre Wünsche. Neige ich zu dramatisierten Bildern, möchte ich »die Menschheit retten, mich von der Welt zurückziehen oder endlich nur noch das Eigene machen, ohne Rücksicht auf Verluste«? Dies spräche für eine stressbedingte Verengung Ihrer Perspektive. Nehmen Sie eine ausgeglichene Haltung ein (Real Self) und widmen Sie sich aus dieser Perspektive Ihren Vorhaben.

Herausforderungen beflügeln uns

In unserer beschleunigten Welt erfahren wir täglich, dass uns manche Entwicklungen überholt zu haben scheinen und wir nun aufholen dürfen, wenn wir nicht den Anschluss verlieren wollen. Inhaltlich gibt es derzeit etliche Themen wie unter anderem Innovationskraft, Digitalisierung, Bildung, Fachkräfte, Gendergerechtigkeit, bei denen wir in Deutschland im internationalen Vergleich deutlich hinterherhinken. Wir werden es nur schaffen, in entsprechender Geschwindigkeit Boden gutzumachen, wenn wir neben unseren fachlichen Skills auch unser persönliches Potenzial realisieren und an einigen Stellen über den Status quo hinauswachsen. Wir sollten unbedingt aufpassen, nicht in die Superhelden-Falle zu tappen und anzunehmen, wir müssten jetzt alles allein schultern und von uns Unmögliches verlangen – auf unsere eigenen gesundheitlichen Kosten. Wie schaffen wir also den Spagat von hohen äußeren Anforderungen einerseits und dem Wunsch nach gesunder Integrität andererseits?

Die Antwort liegt aus Sicht unseres Instituts in *projektorientierter Individuation*. Darunter ist zu verstehen, dass wir uns in unseren sinnstiftenden Projekten entfalten können und dass wir diese Entfaltung aus zwei Perspektiven denken können: von uns selbst ausgehend und von einer Chance oder auch Notwendigkeit ausgehend. Wichtig ist bei projektorientierter Individuation, dass wir inhaltliches und persönliches Wachstum gleichermaßen in den Blick nehmen. Bei der projektorientierten Individuation kann es zwei Ausgangspunkte geben. Der individuelle Mensch kann sich zum einen in seinem Inneren auf die Suche machen, welche Impulse vorhanden sind, welche Fähigkeiten gerne entwickelt werden wollen. Gibt es zum Beispiel eine intrinsische Motivation, sich mit KI zu beschäftigen, reizen mich Skills aus der Verfahrenstechnik oder fühle ich mich zum Bereich der Persönlichkeitsentwicklung hingezogen? Manchmal hilft es, neben der Selbstreflexion auch auf seine Intuition zu hören. Diese liefert häufig hörenswerte Impulse, wo die Reise für uns hingehen kann. Die Bewegung ist also von innen nach außen. Alternativ können wir uns eher durch Projekte oder Aufgaben inspirieren lassen. Welche Projekte und Aufgaben gibt es, zu denen ich eine Verbindung und Anziehung spüre? Auch in diesem Prozess geht es eher um ein Gefühl als um eine reine Kopfgeburt. Womit gehe ich in emotionale Resonanz? Welches Projekt spricht mich an oder reizt mich? Mir gefällt auch die Formulierung: Welches Projekt oder welche Aufgabe spricht zu mir?

Wir können uns das vorstellen, als hätten wir als Menschen zwei Flügel, vergleichbar mit einem Schmetterling (Abb. 15). Der eine Flügel repräsentiert meine Fähigkeiten, Talente, Stärken, eben auch die noch nicht entwickelten: die Kompetenzen, die darauf warten, entwickelt zu werden. Der andere Flügel repräsentiert die Projekte, die wir bereits realisiert haben, wie eben auch die, die es noch zu entdecken gilt. Im Zentrum steht der Mensch als Achse zwischen seinem Kompetenzpotenzial und seinem Potenzial zur Realisierung von Projekten. Ein schnell flatternder Schmetterling nutzt beide Räume: den der weiteren Projekte (Außen-Innen-Perspektive) und den der weiteren Lernpotenziale (Innen-Außen-Perspektive). Aus dieser Perspektive stehen Produktivität und persönliches Wachstum in einem gesunden Verhältnis zueinander.

Abb. 15: Projektorientierte Individuation – ein energetisierendes Wechselspiel von Wirksamkeit und persönlicher Entfaltung

Fragen zur Selbstreflexion

- Welche beruflichen Projekte ziehen meine Aufmerksamkeit und mein Interesse an?
- Welche Bereiche erfüllen mich mit Neugierde?
- Welche Herausforderungen in der Welt möchte ich gerne lösen? Wozu möchte ich einen Beitrag leisten?
- Welche meiner Kompetenzen würde ich dazu wecken oder ausbauen?
- Welche Fähigkeiten und Skills zu erwerben, reizt mich? Was möchte ich lernen? Was reizt mich von innen heraus?
- In welchen Projekten kann ich das tun? Welche Projekte »rufen« nach mir und meinem Engagement? In welche Herausforderungen möchte ich mich wirksam einbringen? An welchen Herausforderungen sehe ich die Chance zu wachsen? Welche Projekte bringen mein Wesen zur bestmöglichen Entfaltung?
- Wenn ich mich als introvertierte Person begreife, welche Projekte würden meine Extraversion aktivieren, ohne mich zu überfordern? Wie ist es, wenn ich mich als extrovertiert bezeichne: Welche Projekte würden meine introvertierten Seiten zum Klingen bringen, ohne mich zu unter- oder überfordern?
- Welche privaten Projekte ziehen meine Aufmerksamkeit in ihren Bann? Welche Aspekte meiner Persönlichkeit würde ich dazu brauchen? Was gälte es zu lernen?

Die Aufgaben, die derzeit auf den Tischen der Wirtschaft und der Gesellschaft liegen, sind so vielfältig wie noch nie. Allein die Beschleunigung im Bereich Technologie bringt innerhalb weniger Monate unterschiedlichste neue Aufgaben hervor. Für Menschen, die einen Wachstumsdruck verspüren, bedeutet dies, einen Blick in die verschiedenen Bereiche von Wirtschaft, Medien, Politik, Kultur und NGOs und Verwaltung zu werfen und auf Tuchfühlung zu gehen, wo sich reizvolle Projekte zeigen.

Wenn Sie in einem großen Unternehmen tätig sind, könnten Sie gezielt Kontakt zu interessanten Bereichen aufbauen, um an Informationen zu kommen. Etliche Kunden, die ich begleite, konnten sich auf diesem Weg in ein für sie attraktives, motivierendes Projekt hineinwachsen. Es ist nicht entscheidend, an welchem Flügel ich starte, meine Buntheit und Vielfalt zu erweitern. Wichtig ist die *Stabilität der Schmetterlingsmitte.* Das ist die individuelle Persönlichkeit, die über Selbsttreue und Selbstregulation für sich eine gesunde Basis schafft. Wir haben also verschiedene Optionen für unsere berufliche und persönliche Individuation. Führungskräfte, die wachsam ihre eigene Entwicklung in den Blick nehmen, werden nicht nur produktiver, sie erleben ein Höchstmaß an Erfüllung. »Seitdem ich meine beruflichen Aufgaben mit meinem persönlichen Wachstum als Einheit denke und bewusst angehe, erlebe ich mich in meinem Job als ganzen Menschen. Ich kann über die Mühen des Alltags viel leichter hinwegsehen, da es Teil meiner Entfaltung ist«, sagte einer meiner Klienten und strahlte dabei.

Zu welchen Projekten oder Themenfeldern fühlen Sie sich hingezogen? Folgen Sie diesem Pfad mit Interesse und Neugier.

Die 7-Tage-Woche – eine ganze Woche für Wachstum

Wenn wir den Gedanken der Projektindividuation zu Ende denken, haben wir eine Alternative zur Vorstellung von anstrengender Arbeit und erholsamem Privatleben. In dieser Perspektive können wir uns als Individuen auf den Weg machen, unsere Herzens- und Individuationsprojekte zu verwirklichen oder zu entdecken und an und in ihnen zu wachsen. Wie wäre es, das eigene Leben in einer 7-Tage-Woche zu denken? Ich habe sieben Tage in der Woche, um persönlich in der Welt wirksam zu sein und mich zu entfalten. Ich realisiere berufliche und persönliche Projekte, die mir Sinn geben, die mich zu dem machen, der ich sein will. Ich bin dann produktiv, wenn ich mich mit mir und der Welt verbinde. Die Philosophin Hannah Schragmann schlägt eine Neudefinition von Produktivität vor, die die menschliche Fähigkeit zu produktiver Selbstwerdung ins Zentrum stellt.[29] Ein Gedanke, der unserem Institut sehr gut gefällt, weil er der Idee der Projektindividuation eine theoretische Fundierung schenkt. Mit dem Ansatz von Projektindividuation könnten wir eine *humanistische Produktivität* in die Realität umsetzen und endlich den Menschen in den Mittelpunkt seines Arbeitens **und** Lebens stellen. Welche Potenziale schlummern noch in mir, die durch ein bestimmtes Projekt zum Vorschein kommen könnten? Erwerbsarbeit steht in diesem Verständnis gleichberechtigt neben Care-Arbeit oder Selbstverwirklichung und Kreativität. Auch ehrenamtliche Arbeit oder gesellschaftliches Engagement kann ein Weg der Selbstentfaltung sein. In diesem Denken wird der Einzelne zum eigenverantwortlichen Zeit- und Lebensgestalter und wir delegieren Lebensqualität nicht in die reine Privatzeit. Lebensqualität kann und soll auch in der Arbeit realisiert werden, wir nehmen uns als gestaltendes und erfülltes Wesen in unsere Arbeitsprozesse mit hinein. Die Idee hinter der 7-Tage-Woche bedeutet, die Lebenszeit als Erfahrungs- und Entwicklungszeit der eigenen Persönlichkeit zu begreifen und uns als Wesen zu begreifen, die gerne wirksam, sozial wie produktiv sind. Wichtig ist mir dabei zu betonen, dass als Projekte nicht nur reibungslose Feel-Good-Projekte in Frage kommen. Im Gegenteil. Gerade im Anpacken von Herausforderungen oder durch das Aktivieren von kreativen Lösungen unter Zeitdruck, gerne auch noch in einem Team von Gleichgesinnten und vor allem im gemeinsamen Überwinden von Problemen liegt enormes persönliches Wachstumspotenzial für alle Beteiligten. Wir dürfen uns also echten Herausforderungen stellen, wenn wir persönlich wachsen wollen. Als inspirierendes Beispiel mag der ehemalige Fußballprofi Neven Subotić (unter anderem Borussia Dortmund, 1. FSV Mainz) geeignet sein, dem irgendwann als Fußballer das Benefiz- und Galaleben für gute Projekte absurd und unterfordernd vorkam und der eine Well:fair foundation gründete, die die Mission verfolgt, dass irgendwann alle Menschen auf der Welt sauberes Trinkwasser zur Verfügung haben. Nicht gerade eine kleine Aufgabe. Subotić und seine 13 Mitarbeitenden, 30 Botschafterinnen und Botschafter und über 60 Volontärinnen und Volontäre scheuen seitdem keine Mühen und kein Engagement und sind so erfolgreich mit dem Projekt, dass sie 2019 mit dem Silver Rose Award durch das Europäische Parlament ausgezeichnet wurden.[30] In diversen Podcasts kann man erleben, dass er ein typischer Vertreter der Projektindividuation ist, weil er in einem permanenten Wechsel aus intrinsischer Motivation und externen Herausforderungen in einem kontinuierlichen persönlichen Wachstumsprozess ist, der ihm aber offensichtlich guttut.

Wie schaut es mit Ihrem persönlichen Wachstum im Rahmen von Projekten aus? Mit der Erstellung einer eigenen Visionmap können Sie einen ersten Schritt in diese Richtung tun. Seit vielen Jahren arbeite ich mit meinen Klientinnen und Klienten mit Visionmaps, in denen Ziele in bildhafter Form dargestellt werden. Dabei gibt es zwei sinnvolle Vorgehensweisen. In der einen Variante suchen wir Bilder für unsere Ziele im Berufs- und Privatleben. Dies ist eine wertvolle Arbeit, um als Person die eigenen Lebens- und Arbeitsvorstellungen zu schärfen.

Anleitung zur Visionmap

Suchen Sie sich ein leeres Blatt Papier oder eine leere digitale Fläche. Teilen Sie diese Fläche in drei Bereiche ein: Job, Family & Friends und Me-Time. Suchen Sie in Zeitschriften oder Magazinen nach Abbildungen, die Ihre Wünsche und Ziele in den jeweiligen Bereichen repräsentieren. Im Bereich Job geht es um Ihre beruflichen Ziele, im Bereich Family & Friends um Themen wie Partnerschaft, Familie und Freundschaften. Hinter Me-Time verbirgt sich das, was Sie »nur für sich« erreichen möchten. Wichtig bei dieser Arbeit ist, dass Sie sich wirklich trauen, eine emotional ansprechende Idee aufs Papier zu bringen und nicht nur in Kompromissen zu denken: Wie wäre es, wenn es *wirklich schön* wäre? Was lässt Ihr Herz höherschlagen? Was lässt Ihren Geist wachsen? In welchem (Arbeits-)Leben wären Sie der Frosch im Teich?

Nutzen Sie die Visionmap zur Re-Fokussierung auf Ihre eigenen Wünsche und Bedürfnisse. Sie gibt Ihnen Orientierung. Hängen Sie sie an einem Ort gut sichtbar auf. Seien Sie gespannt, wie sich die Dinge entwickeln. Es lohnt sich, nach einiger Zeit erneut eine Collage zu machen, weil sich vielleicht vieles erfüllt oder auch verändert hat. Tatsächlich hat diese Beschäftigung, vor allem die Visualisierung der eigenen Ziele, eine enorme Wirkung. Alles, was Sie sich konkret vorstellen, hilft Ihnen, in diese Richtung zu handeln. Sie kennen das wahrscheinlich aus dem Sport, dass mentale Vorbereitung bedeutet, einen Wettkampf schon vor Beginn mental durchgespielt zu haben. Ähnlich funktioniert die Arbeit mit der Visionmap: Sie bereitet darauf vor, das Leben zu leben, das Sie sich wünschen.

Anleitung zum Schmetterling der Individuation durch persönliche Projekte

Es gibt noch eine weitere kreative Möglichkeit, sich mit seiner individuellen Weiterentwicklung zu beschäftigen. Am besten verwenden Sie das Bild des Schmetterlings. Auf der linken Seite sammeln Sie Ihre Fähigkeiten und Kompetenzen. Welche haben Sie bereits und welche möchten Sie entwickeln? Was wünschen Sie sich zu können? »Unsere Wünsche sind die Vorboten der Fähigkeiten, die in uns liegen«, heißt es in Goethes *Wilhelm Meisters Wanderjahre*. Auf der rechten Seite sammeln Sie reale und zukünftige Projekte oder Projektskizzen, die Ihnen in irgendeiner Weise reizvoll erscheinen. Das können noch so skizzenhafte Projektideen sein, beschneiden Sie sich nicht zu früh. In einem Reflexionsprozess ziehen Sie nun über die Mitte sinnvolle Verbindungen zwischen der rechten und der linken Seite. So entsteht vor Ihren Augen eine Landkarte Ihrer persönlichen Verwirklichung.

Das Reizvolle an dieser Arbeit ist, dass Sie neben professionellen Projekten auch Herzensprojekte wie Family Care oder idealistisch motivierte Aktivitäten, zum Beispiel im Kultur-, Sport- oder Umweltbereich, in dieses Bild integrieren können. Alle Projekte dienen Ihrer persönlichen Entfaltung. Mit diesem Modell denken Sie ganzheitlich, stellen sich selbst in das Zentrum Ihres Wachstums und Ihrer Entwicklung. Sie leben nicht mehr in der oft mühsamen Trennung von Arbeit und Freizeit, sondern haben sieben Tage zur Verfügung, um Ihre Projekte unterzubringen, und je nach Lebensphase können Sie die Vielfalt und Intensität der Projekte variieren. Ist das nicht ein bisschen zu schön gedacht?, werden Sie fragen. Ich behaupte nicht, dass dieser Ansatz ausschließlich zu einem Lebensgefühl der Leichtigkeit und puren Freude führt, aber das ist auch nicht das Ziel der Individuation. Wir erinnern uns: Wenn es um die Entfaltung unserer menschlichen Möglichkeiten geht, sprechen wir davon, dass wir auch und gerade an *Widerständen wachsen* können, dass wir durch Anstrengung unsere Projektideen verwirklichen und dass wir gerade durch *die Überwindung dieser Anstrengung eine tiefe Befriedigung* erfahren. Im Grunde wissen wir aber immer, warum wir uns anstrengen. Denken Sie an ein freiwilliges Krafttraining, bei dem Sie an Ihre Grenzen gehen und das wirklich nicht nur bequem ist. Wir brauchen nicht ausschließlich Ruhe, Erholung und Reizarmut, um uns wohlzufühlen. Ganz im Gegenteil, wir brauchen immer wieder herausfordernde Herzensprojekte, bei denen wir uns mit unseren Werten und Missionen verbinden.

Prof. Brian Little forschte in dem Gebiet viele Jahre und bestätigt in seinen Arbeiten, dass folgende Aspekte notwendig sind, damit persönliche Projekte zum Erfolg geführt werden:[31]

1. Die Handhabbarkeit (Manageability)

Wir müssen erleben, dass wir mit den Herausforderungen klarkommen und nicht nur Momente des Scheiterns erleben. Dabei spielen Zeit, Ressourcen und das Gefühl der Wirksamkeit eine zentrale Rolle, sonst brechen wir ab. Die Handhabbarkeit ist noch einflussreicher als der Sinn eines Projekts. Selbst das bedeutungsvollste Projekt, das wir aber als nicht handhabbar erleben, scheitert.

2. Die empfundene Bedeutung (Meaning)

Wir widmen uns gerne und motiviert Projekten, die für uns bedeutungs- und sinnvoll sind. Wenn wir wissen, wozu wir etwas machen sollen, bringen wir auch Energie auf, wenn es anstrengend und mühevoll wird.

3. Das Gefühl der Eingebundenheit (Sense of Connection)

Werden wir von uns wichtigen Bezugspersonen wahrgenommen in unserem Projekt oder strampeln wir uns allein und isoliert ab? Empfinden wir uns als isoliert, können wir überprüfen, ob wir unser Projekt möglicherweise aktuell aus einer Superhelden-Haltung heraus betreiben.

4. Positive Emotionen (Positive Affects)

Erleben wir Freude, Spaß, Leichtigkeit, Erfüllung in unseren Projekten? Positive Emotionen sind bestärkend und nährend, daher sollten sie in unseren Projekten überwiegen. Jedoch braucht es auch die negativen Emotionen.

5. Negative Emotionen (Negative Affects)

Wie ist der Anteil negativer Gefühle wie Angst, Ärger, Neid? Auch Stressempfinden darf in wichtigen Projekten vorkommen. Wichtig ist jedoch, dass die negativen Gefühle nicht den Hauptanteil ausmachen, sonst brechen wir Projekte ab.

Die Studien von Prof. Little liefern viele spannende Erkenntnisse. So gibt es einen erforschten Zusammenhang zwischen nachhaltigem Wohlbefinden und dem Verfolgen von Herzensprojekten. Wenn wir ein Projekt verfolgen, mit dem wir über unsere Werte innerlich stark verbunden sind, kommen wir in einen Wachstumszustand, den man in der Forschung *Flourishing* nennt – ein Zustand, in dem wir ein großes Wohlbefinden, Kraft und Lernbereitschaft empfinden. Für Herzensprojekte entwickeln Menschen auch Eigenschaften, die nicht zu ihrer angeborenen Veranlagung gehören. Daher finden Sie auf dem linken Schmetterlingsflügel viel freie Fläche, denn: In uns allen steckt unendlich mehr Potenzial, als wir je abrufen werden. Aber vielleicht gelingt es, das ein oder andere bald noch freizulegen. Das wäre gut für uns.

Aus meiner Coachingpraxis

Kathleen erlebte die Totgeburt ihres Kindes. Diese tragische persönliche Erfahrung führte bei der bis dahin sehr pragmatischen und zielstrebigen Managerin zu einer tiefgreifenden inneren Veränderung. Als sie einige Wochen später an ihren Arbeitsplatz zurückkehrte, wusste sie, dass sie nicht mehr so weitermachen konnte wie bisher. Sie war eine andere geworden und von ganzem Herzen motiviert, das Thema Sternenkinder (Bezeichnung für Totgeburten) auch im betrieblichen Umfeld bekannt zu machen. Es war ein Ruf, den sie in sich hörte, und es schreckte sie nicht, dass sie wahrscheinlich auch auf Widerstände stoßen würde. Sie wusste, dass ein so sensibles und persönliches Thema sicherlich eine Herausforderung für ihr Unternehmen darstellen würde, aber sie sah sich als genau die richtige Person, um das Thema »Menschlichkeit im Unternehmen« voranzutreiben. Neben den zahlreichen persönlichen Gesprächen mit Menschen aus ihrem beruflichen Kontext organisierte sie ein paar Impulsvorträge in ihrem Unternehmen. Aus der positiven Resonanz dieser Veranstaltung ergab sich eine größere Vortragsreihe zum Thema mit dem Titel *Persönliche Krisen meistern*, das auch von der HR-Abteilung unterstützt und bundesweit ausgeweitet wurde, später sogar europaweit. Kathleens Projekt ließ sie weit über ihre bisherigen Kompetenzen hinauswachsen. Kathleen, die sonst eher introvertiert ist, hat für dieses Projekt Aspekte ihrer Persönlichkeit ausgelebt, die sie vorher niemals mit sich in Verbindung gebracht hätte. Sie wurde zu einer Fürsprecherin für eine menschlichere Arbeitswelt, baute internationale Netzwerke mit Menschen auf, die auf ihre Weise an einem Kulturwandel hin zu mehr Menschlichkeit arbeiteten. »Es ist, als würde ich meinem verlorenen Sohn ein Denkmal setzen, indem ich das tue. Und ich habe viele Betroffene aus ihrem schmerzhaften Schweigen geholt. Das erfüllt mich zutiefst«, sagte sie in unserer abschließenden Sitzung.

Das ist ein Beispiel für projektorientierte Individuation, bei dem innere Impulse zu Projekten wachsen. Zum Glück braucht projektorientierte Individuation keine tragischen Lebensereignisse, lediglich ein Hineinspüren in die eigenen Wünsche und Wachstumsfelder. Oder es braucht ein Angezogensein von den Aufgaben oder Projekten in der Welt, dann können wir unser individuelles Potenzial entfalten. Prof. Little erzählt in einer Podcastfolge mit Adam Grant, dass er aktuell selbst 115 Projekte habe.[32] Normalerweise liegt der Durchschnitt bei 15–20 Projekten pro Mensch. Er meinte selbstironisch, er sei leider so leicht entflammbar für die unterschiedlichsten großartigen Themen des Lebens, da kämen doch einige zusammen, auch wenn das sicherlich ein bisschen verrückt sei. Seine Forschung macht deutlich, dass Well-doing und Well-being zusammenhängen, und er selbst ist der beste Beweis dafür. Welche Projekte entflammen Sie?

Warum profitieren wir als Führungskräfte von der Projektindividuation? Wir können für uns selbst Projekte finden oder bestehende Projekte neu definieren, die uns wieder Elan und Sinn geben. So kommen wir aus der Rolle des Getriebenen in die *Rolle des Gestalters* und fühlen uns dadurch selbstwirksam und produktiv. Wenn wir auch unser Privatleben durch intrinsisch motivierte Projekte beleben, erweitern wir unsere Kraftquellen und auch unsere Perspektiven. Wir sind motivierter, ausgeglichener und können Einblicke in Bereiche gewinnen, die die Dinge in gesunde Relationen setzen. Eine Führungskraft, die sich nebenberuflich für Astronomie zu begeistern begann und sich in diesem Zusammenhang mit den Gefahren für Astronauten auf einer Raumstation beschäftigte, empfand den Projektstress fortan nicht mehr als so nervenaufreibend. »Schließlich haben wir, egal wie stressig es ist, immer genug Sauerstoff um uns herum«, sagte der Mann lachend. »Das ist, verglichen mit Astronauten im All, sehr komfortabel!« Der Zusammenhang zwischen intrinsisch motivierten Projekten und der Steigerung des Wohlbefindens sowie dem Schutz vor psychischen Erkrankungen ist inzwischen wissenschaftlich breit belegt. Wer sich näher mit dem Thema beschäftigen möchte, kann dies unter dem Stichwort Selbstbestimmungstheorie der beiden Forscher Richard Ryan und Edward Deci (Self-Determination Theory) tun. Persönlichkeiten, die intrinsischen Motivationen in Form von projektbezogener Individuation folgen, sind wesentlich erfüllter, vielschichtiger und ganzheitlich entspannter und damit auch weniger anfällig für psychische Erkrankungen. Was wollen wir mehr? *Ein seelenvoller Tausendfüßler ist nicht so leicht aus der Bahn zu werfen wie ein einbeiniger Melkschemel.*

Fragen zur Selbstreflexion

- Schreiben Sie Ihre Projekte auf, sowohl beruflich veranlasste als auch private. Reflektieren Sie anschließend: Welche davon sind Projekte, die einen *Ruf* in sich tragen, der mit meinen Werten in Resonanz geht? Welche sind Herzensprojekte und warum?
- Welche Herzensprojekt-Ideen gibt es, seien sie aktuell noch so leise und diffus? Wofür interessiere ich mich als Persönlichkeit aus der Tiefe meiner Seele heraus?
- Gibt es möglicherweise auch Projektideen, die nicht mehr aktuell sind, weil sie sich überlebt haben? Auch hier tut es gut, sich das wahrhaftig einzugestehen und die Idee ziehen zu lassen.

Kooperative Individualität

Das Individuationsprojekt von Kathleen führte bei ihr zu einem veränderten Führungsstil. Sie räumte der persönlichen Seite der Mitarbeitenden in den Besprechungen viel mehr Raum ein, ohne dass diese in Privatgespräche ausarteten. Durch ihre eigene Entwicklung war sie sich sicher, dass es für sie und alle anderen im Arbeitskontext wichtig ist, dass neben der professionellen Rolle auch die menschlich-individuelle Seite Platz hat. Angeregt durch unsere Arbeit lud sie die Mitarbeiterinnen und Mitarbeiter ein, über ihre Herzensprojekte zu sprechen, auch wenn sie privater Natur waren. Dabei überließ sie es den Einzelnen, was sie erzählen wollten. Anfangs waren die Mitarbeitenden eher vorsichtig und trauten Kath-

Private und berufliche Projekte, mit denen wir uns persönlich identifizieren, setzen viel Energie frei.

leens Entwicklung noch nicht. Doch innerhalb weniger Wochen kamen immer mehr mit ihren persönlichen Herzensprojekten zu Wort: einen Triathlon laufen, das Patenkind durch die Pubertät begleiten, die Krebserkrankung der Partnerin kraftvoll begleiten, die Sicherheit in Parks lokalpolitisch verbessern, KI-Tools lernen. Einige brachten auch berufliche übergeordnete Projekte ein: strategische Netzwerke aufbauen, sich und die eigene Arbeit besser organisieren, besser mit dem eigenen Stress umgehen. Eine bunte Palette von beruflichen und persönlichen Projekten wurde sichtbar und vor allem spürbar. Wenn Menschen über ihre wichtigen Anliegen sprechen, bekommen sie eine ganz eigene emotionale Ausdrucksweise. Es ist spürbar, wenn Menschen wirklich mit einer Sache verbunden sind. Diese Energie überträgt sich immer auf andere und hat etwas Ansteckendes. In Kathleens Team wurde es zum Ritual, einmal pro Woche circa fünf Minuten ein Teammitglied zu seinem Projekt und den entsprechenden Lernerfahrungen erzählen zu lassen. Unter den Mitarbeitenden entstand durch dieses Vorgehen eine unterstützende Energie. Sie waren neugierig, wie jemand mit seinem Projekt vorankam, und alle erlebten gegenseitiges Interesse. Die Meetings waren fortan lebendiger.

Der Club der kooperativen Individualisten – Arbeitskultur mit Zukunft

Diese kleine Veränderung der Meetings führte zu einer neuen Form des Zusammenhalts. Kathleen bemerkte, dass das menschliche Interesse füreinander wie von selbst wuchs. Hatte man vorher vor allem den fremden Kollegen gesehen, sah man jetzt den Menschen, den etwas antrieb. Natürlich blieben manche auch sehr zurückhaltend, aber das war in Ordnung, denn Kathleen war es wichtig, dass aus dem Ganzen keine neue Ideologie wurde. So blieb es entspannt.

Interessanterweise weckte diese Herangehensweise bei dem einen oder anderen auch das Interesse, über seine beruflichen Projekte unter dem Thema Herzensangelegenheit und Identifikation nachzudenken. Kathleen griff die Idee auf und beschloss, einen

Offside-Tag einzuplanen, an dem sich die Teammitglieder mit ihrer Projektindividuation auseinandersetzen konnten. Sie war sich nicht sicher, wie das Ganze ausgehen würde, aber sie blieb mutig und probierte es aus.

Ich hatte das Vergnügen, einen Coaching-Tag mit dem Team von Kathleen zu verbringen und jeden Einzelnen anzuleiten, über sich selbst und seine eigenen Projekte nachzudenken. Ich untermauerte den Tag mit den wissenschaftlichen Erkenntnissen von Brian Littles Personal Projects, gefolgt von intensiven, angeleiteten Selbstreflexionen. Die Ergebnisse waren erstaunlich, vor allem für die Teilnehmenden selbst. Die Teammitglieder, die sich aktuell am meisten gestresst fühlten, hatten aktuell den geringsten Zugang zur Umsetzung der für sie wichtigen Anliegen. Die Gründe dafür waren vielfältig. Einige waren einfach in ihre Projektaufgaben hineingeschlittert, hatten sich also nie aktiv dafür entschieden. Andere hatten intrinsisch motivierte Projekte, aber Probleme mit der eigenen Wirksamkeit im Projekt. Sie hatten das Gefühl, nicht produktiv voranzukommen. Bei einigen konnten wir mit der Haltungsreflexion weiterkommen. Andere brauchten Kathleens Unterstützung in Form von Beratung, anderen Netzwerken oder Trainingsangeboten. Auch innerhalb des Teams konnten wir uns konkrete Tipps geben, wie jemand vorankommen könnte. Die Idee des Peer Counseling wurde ganz natürlich gelebt, ohne als Methode eingeführt zu werden. Am Ende des Tages hatten alle einen Überblick über die nächsten Schritte zum Projekterfolg auf der Basis ihres eigenen individuellen Wachstums. Dazu sagte ein Teilnehmer: »Ich fühle mich heute im Club der kooperativen Individualisten! Das fühlt sich nicht nur gut an, wir sind echt motiviert, voranzukommen und uns gegenseitig bei Bedarf zu unterstützen.«

Wenn wir als Führungskräfte Projektindividuation leben und zulassen, ergeben sich enorme Vorteile für den Arbeitskontext. Wir selbst sind motivierter, weil wir mehr mit unseren Projekten verbunden sind. Unsere Mitarbeitenden sind aus dem gleichen Grund motivierter in ihren Projekten. Private Projektindividuation bietet nicht nur einen willkommenen Ausgleich zu den Arbeitsprojekten, sondern erweitert immer auch das persönliche Spektrum. Lernen wir ein Instrument, wird es Phasen der Frustration geben, weil es nicht immer vorwärtsgeht. Wenn es ein Herzblutprojekt ist, werden wir dranbleiben und die Erfahrung machen, dass es sich lohnt, Durststrecken durchzustehen. Auch der Umgang mit Leistungseinbrüchen und deren Überwindung im eigenen Sportverein oder die sozialen Erfahrungen im Mannschaftssport können als Aufhänger für die berufliche Selbstreflexion genutzt werden. Wir Führungskräfte können wertvolle Mentorengespräche mit unseren Mitarbeitenden führen. Entwicklungsgespräche können so zu einem inspirierenden Moment werden, sind sie doch mehr als ein notwendiges Übel. Wir begreifen uns als Lernende unter Lernenden. Die Einzelnen in einem Team werden gestärkt und ebenso das Miteinander, gerade weil Individualität vorkommen *soll.* Wir begegnen uns als ewig Lernende, nicht als vorwiegend Wissende, und schenken uns dadurch auch gegenseitig Wertschätzung. So wird Arbeit zu einem attraktiven Ort für Menschen, die wirksam sein und sich entfalten wollen. Individuation und Projektindividuation sind Ansätze, wie wir Produktivität, Individualität und Wohlbefinden in Einklang bringen können. Vieles deutet darauf hin, dass viele auf der Suche sind, wie sie sich in der Arbeit und im Leben effektiv entfalten können. Wir können niemanden zwingen, aber wir können sie ermutigen, dass ein Weg aus dem Stress die konsequente Suche nach dem ist, was uns Erfüllung und Wirksamkeit erleben lässt. Konzepte, die allein auf mehr Freizeit setzen, greifen zu kurz. Wenn die Frage der Identifikation mit der Arbeit oder dem Privatleben nicht geklärt ist, wird auch ein Sabbatical keine Lösung bringen. Die Suche nach dem inneren oder äußeren Ruf kann eine Lösung sein, und je vielschichtiger wir uns mit Projekten verbinden, desto mehr Seiten unserer Persönlichkeit kommen zum Klingen. Selbsttreue bedeutet aber auch, dass wir uns von bestimmten Projekten irgendwann verabschieden wollen. Berufliche oder persönliche Aufgaben gehen auch zu Ende und wir bleiben uns treu, wenn wir dann nicht zwanghaft an etwas festhalten. Gehen wir also auf das zu, was uns bewegt, auf das, was uns anzieht, und auf das, was wir bewegen und entfachen können, und lassen wir anderes los.

ESSENZ FÜR EILIGE

Menschen sind auf Wachstum und Potenzialentfaltung angelegt. Diese Disposition eignet sich gerade in Transformationszeiten gut, da im Innen und Außen Veränderungen benötigt werden.

Wer in Führung bleiben oder kommen will, darf sich auch als Individuum transformieren und ins fachliche und persönliche Wachstum gehen.

Eine konkrete Visualisierung von Zukunft in Form einer Visionmap gibt Menschen Halt und Orientierung. Projektindividuation überwindet die Trennung von Arbeit und Leben und stellt den Menschen in den Mittelpunkt einer zu gestaltenden 7-Tage-Woche.

Projekte müssen keine Feel-Good-Projekte sein, im Gegenteil. Das Wichtigste ist, dass Menschen tief motiviert sind, etwas darin zu erreichen. Dann werden durch das Überwinden von Widerständen wachsen.

In Herzensprojekten verwirklichen sich Menschen. Private und berufliche Projekte unterstützen das Wohlbefinden, solange Menschen selbstwirksam vorankommen und darin wahrgenommen werden.

Wenn Führungskräfte Projektindividuation leben und zulassen, zeigen sich enorme Vorteile für den Arbeitskontext. Sowohl das Wohlbefinden als auch die Leistungsbereitschaft steigen. Das persönliche Wachstum befördert auch Kompetenzen, die für den Arbeitskontext wichtig sein können.

Eine Arbeitskultur kann sehr von Projektindividuation profitieren. Die Freiwilligkeit ist Voraussetzung. Man kann niemanden zur persönlichen Entfaltung zwingen.

Fünfte Strategie: Zukunftsorientierung statt Rückwärtsgewandtheit

Wer meint, er bleibe immer derselbe, wird in der neuen Arbeitswelt den Anschluss verlieren. Wer sich mental und mit seinen Qualifikationen in Richtung der Zukunft bewegt, ist klar im Vorteil.

Als der Förster am Tag nach dem schweren Herbststurm durch seinen Wald ging, standen ihm die Tränen in den Augen. Fast achtzig Prozent der hochgewachsenen Fichten lagen abgeknickt am Boden, umgeknickt wie Grashalme – ein Bild der Verwüstung. »Unser Bewirtschaftungskonzept passt nicht mehr in die heutige Zeit. Das alte Konzept mit den schnell wachsenden Fichtenmonokulturen hat uns gute Erträge gebracht. Ich würde sogar sagen, wir sind sehr reich geworden. Aber jetzt hat eine andere Zeit begonnen und wir können so nicht weitermachen.«

Wir arbeiten heute anders als noch vor ein paar Jahren: Virtuelles und hybrides Arbeiten ist die neue Norm, veränderte Arbeitsweisen, veränderte Anforderungen an Führung, globale Zusammenarbeit und Flexibilität sind für viele von uns das tägliche Brot. Der Einsatz von Technologie wird sich weiter ausbreiten und unsere Arbeitswelt mehr und mehr beeinflussen. Doch was bedeutet es für uns und unser Wohlbefinden, wenn wir als Führungskräfte an vorderster Front diesen Kulturwandel vorantreiben und mit Leben füllen müssen? Die meisten Führungskräfte, die ich erlebe, unterliegen folgendem Missverständnis: »Wir führen die Organisation in eine neue Kultur – nur ich bleibe, wie ich bin!« Der Grund dafür ist das Mindset, das sich in uns Führungskräften aus der verbreiteten Superhelden-Haltung und der damit verbundenen Vorstellung von der alleinigen Verantwortung für den Erfolg oder Misserfolg von Projekten festgesetzt hat. Wir Superhelden konnten in der alten Arbeitswelt tatsächlich Erfolge erzielen, weil die Welt noch einigermaßen berechenbar war und die Mitarbeitenden über Demand & Control geführt werden konnten. Auch die Organisationskulturen mit ihren Kontroll- und Anreizsystemen waren für die Karrieren von Kontrollfreaks und Superhelden geradezu prädestiniert. Wer aber die alte Idee der Kontrolle von Menschen und Prozessen auf die neue Arbeitswelt überträgt, kann sich nur aufreiben und energetisch scheitern. Ein Klient von mir sagte einmal im Coaching: »Ich fühle mich jeden Tag wie ein Hundeservice mit zehn unterschiedlich großen Hunden an der Leine, die ich durch einen Wald führen muss, in dem gleichzeitig Wildspuren zu erschnüffeln sind sowie Schießübungen und BMX-Rennen stattfinden. Jeder der Hunde hat sein eigenes Tempo und seine eigenen Schwächen, jeder will in eine andere Richtung. Und ich habe einen Parcours geplant, der eigentlich auch ein bestimmtes Timing erfordert. Manchmal werde ich einfach von allen Leinen in verschiedene Richtungen gezogen und dann ziehe ich mein Ding durch. Manchmal auch mit einem lauten Ton und dann ziehe ich an den Leinen. Aber ich muss die Meute den ganzen Tag unter Kontrolle halten, damit wir alle heil durchkommen. Abends bin ich völlig erschöpft. Ich halte das nicht mehr lange aus.« Die Selbstverständnisse darüber, was uns als Führungskräfte erfolgreich macht und was nicht, sind in der alten und neuen Arbeitswelt diametral entgegengesetzt und werden oft zu inneren Selbstverständlich keiten und inneren Gesetzen, die wir in der Regel nicht hinterfragen. Es kann aber sinnvoll sein, genau das jetzt zu tun.

Hier ein Überblick der wichtigsten Punkte zur Selbstreflexion. Welche Überzeugungen geben Ihr Selbstverständnis aktuell am besten wieder?

Tab. 2: Die Selbstverständnisse von alter und neuer Arbeitswelt

Selbstverständnis: Alte Welt	**Selbstverständnis: Neue Welt**
Ich habe stark zu sein, denn ohne mich läuft hier nichts. Ich habe immer den Überblick und auch die besten Ideen aufgrund meiner Expertise. An mir allein hängt der Erfolg.	Wen kann ich befähigen und fördern, damit er oder sie es bestens löst? Wer kann die notwendige Expertise am leichtesten lernen?
Emotionalität hat am Arbeitsplatz nichts verloren. Es geht um *die Sache*.	Die für unsere Zusammenarbeit notwendige Verbindung entsteht, wenn wir uns auch menschlich und somit emotional begegnen.

Selbstverständnis: Alte Welt	Selbstverständnis: Neue Welt
Berufliche Verbindungen hierarchieaufwärts sichern meine Karriere ab. Ansonsten vermeide ich es, menschliche Nähe entstehen zu lassen. Ich misstraue Menschen im Arbeitskontext, denn alle sägen an meinem Stuhl. Gerade Freundlichkeit macht mich skeptisch.	Netzwerkorientiertes Denken und Arbeiten sind der einzige Weg, der Komplexität und Beschleunigung erfolgreich zu begegnen. Es braucht Verbindung und Verbindlichkeit. Kommunikative Kompetenz ist ein wichtiger Schlüssel zum Erfolg.
Was mich nicht umbringt, macht mich stark. Probleme sind immer Herausforderungen. Grenzen sind da, um sie zu überwinden. Koste es, was es wolle.	Den Panzer ablegen, echt und zugänglich sein, klar und aufrichtig seine Werte vertreten: So bindet man Mitarbeitende und bleibt sich selbst treu.
Früher hat auch keiner von Selfcare geredet. Wir haben halt gearbeitet. Selfcare ist etwas für Weicheier und Schwächlinge.	Ohne eine echte Verbindung zu mir selbst und die sensible Wahrnehmung meiner Ressourcen und die meines Teams ist keine nachhaltige Leistung möglich.

Niemand steht außerhalb der vorherrschenden Arbeitskultur

Haben Sie sich gerade eher in der linken oder in der rechten Spalte wiedergefunden? Wenn Sie sich eher in der linken Spalte wiederfinden, können Sie mit den Impulsen dieses Buches immer mehr Kontakt zu sich selbst entwickeln, um dann zu einem für Sie passenden Zeitpunkt Ihr Repertoire zu erweitern. Vielleicht ist das Unternehmen, in dem Sie arbeiten, noch sehr in der alten Welt verhaftet. In diesem Fall ist es für das eigene Wohlbefinden wichtig, die Fühler auszustrecken und zu prüfen, wie weit der Kulturwandel nach innen und außen fortgeschritten ist. Das können Sie sich wie einen guten Dialog zwischen dem Unternehmen und sich selbst vorstellen. Hören Sie auf das, was Sie als Kultur um sich herum wahrnehmen, antworten Sie auf diese direkten und indirekten Signale, indem Sie sich selbst so treu wie möglich bleiben, und sehen Sie, was dabei herauskommt. Im Zweifelsfall ist der Einzelne schwächer als das System, das ihn umgibt. Sie können sich als idealistische Superheldin oder Superheld in einem System verausgaben, das noch nach alten Werten organisiert ist. Das ist, als würden

Sie versuchen, am Sandstrand den Weltrekord im Hundertmeterlauf zu brechen – es ist anstrengend und aussichtslos. Bleiben Sie wachsam, nehmen Sie aus dem Real Self heraus immer wieder Stellung zu Ihrem Verständnis von zeitgemäßer Führung. Konfrontieren Sie die relevanten Personen und debattieren Sie mit ihnen. Werden Sie immer wieder »von oben herab« disqualifiziert, suchen Sie sich ein anderes Arbeitsumfeld. In jeder Branche gibt es Zukunftsorientierte und Besitzstandswahrer. Wenn Sie in Ihrer Entwicklung aus dem Alten herausgewachsen sind, finden Sie eine gute Mischung aus Engagement und »Dare to Lead« und der Fähigkeit, nein zu sagen zu dem, was nicht mehr den eigenen Werten entspricht.

Mit dem neuen Führungsverständnis ist auch nicht alles easy

Vielleicht sind Sie in Ihrem Selbstverständnis als Führungskraft bereits in der neuen Welt angekommen und empfinden dennoch eine gewisse Anstrengung und Mühe – damit sind Sie nicht allein. Wenn wir die neue Arbeitswelt mit Attributen von mehr Menschlichkeit, Kommunikation und Gleichberechtigung aller Akteure beschreiben, klingt das gerade für werteorientierte Menschen nach paradiesischen Zuständen. Oberflächlich betrachtet sieht es so aus, als hätte sich das humanistische Weltbild endlich durchgesetzt, als würde es endlich fairer, dialogischer und damit für alle Beteiligten einfacher. Weit gefehlt! Offene, ausdifferenzierte Systeme mit vielen Interessen und Motivationen erfolgreich zu nachhaltiger Produktivität zu führen, ist sehr anspruchsvoll: in der Theorie, in der Planung und erst recht in der Praxis.

Gardening statt Controlling

Das alte ichzentrierte Kontrolldenken ist also angesichts der Komplexität und Schnelligkeit der modernen Wirtschaft und auch der Ansprüche der Arbeitnehmerinnen und Arbeitnehmer nicht mehr zeitgemäß. Wie könnte die innere Alternative aussehen? Ich finde das Bild des mit sich und der Welt verbundenen Gärtners passend, der sich mit verschiedenen Pflanzen, Böden, Jahreszeiten, Schädlingen und Nützlingen auskennt und mit Saatgut, Dünger und Werkzeugen umgehen kann, um seinen Garten zu hegen und zu pflegen. Neben der Qualifikation ist auch die richtige Haltung des Gärtners wichtig, eines Gärtners, der mit sich und seinem Garten in gutem Kontakt steht. Er bewegt sich gerne in dieser lebendigen, vielschichtigen Umgebung, die ihn jeden Tag aufs Neue herausfordert, und fühlt sich verbunden mit allem, was um ihn herum geschieht. Er übernimmt Verantwortung, weiß aber auch, dass es Dinge und Umstände gibt, die er nicht kontrollieren kann, und kann damit umgehen. Mit der Identifikation als Gärtner oder Gärtnerin entfernen wir uns von der Idee der Alleinherrschaft und Kontrolle hin zur Begleitung und Entwicklung von Biotopen und den darin lebenden Wesen. Um in diesem Sinne ein guter Gärtner zu sein, kehren wir zum Thema Sensorship zurück. Ein guter Gärtner braucht gute Antennen nach innen und nach außen, er geht mit offenen Sinnen umher, beobachtet, was geschieht, erkennt frühzeitig Signale, wenn etwas nicht stimmt, und überlegt, ob er sich auf die Selbstregulation verlassen kann oder ob und wie er eingreifen muss.

Ein guter Gärtner nutzt sein Bauchgefühl, um Entscheidungen zu treffen, denn es sind immer viele Aspekte zu berücksichtigen und da hilft es sehr, sich auf seinen eigenen Radar zu verlassen. Ein erfolgreicher Gärtner ist gut mit sich und seinem Garten verbunden. Gärtnern braucht innere und äußere Präsenz, Achtsamkeit und den Dialog mit dem Leben vor Ort – und diese Verbindung lässt sich nicht vortäuschen, womit wir das Thema der Selbsttreue berühren. Ein Mensch, der Pflanzen, Boden und Wachstum liebt oder zumindest mag, der Freude am Gärtnern hat, ist klar im Vorteil gegenüber jemandem, der Pflanzen als eintönig und lästig empfindet und einen Schädlingsbefall persönlich nimmt.

Controlling und Gardening basieren auf unterschiedlichen Denkweisen in Bezug auf Erfolg und Erfolgsstrategien, sodass einen bewussten Schritt geht, wer sich für Gardening entscheidet, wer vorher einen anderen Weg gegangen ist.

Tab. 3 Erfolgsstrategien: Controlling und Gardening

Controlling	Gardening
Klug ist, wer den Fehler findet. Schau also auf die Dinge, die Details, die nicht stimmen.	Klug ist, wer das Zusammenspiel der Faktoren am besten einschätzen und in seinem Sinne beeinflussen kann. Informationen, Erfahrungen, Beobachtungen von möglichst vielen Beteiligten bergen beste Chancen auf ganzheitlichen Erfolg.
Erfolg hat der, der andere aussticht. Dazu suche ich Fehler des anderen und kann mich so profilieren.	Erfolg hat der, dem Menschen vertrauen und der wirksame responsive Prozesse führt.
Nach oben buckeln – nach unten treten. So kommt man nach oben.	Wir sind alle aufeinander angewiesen. Daher arbeitet man am besten wirksam zusammen.
Nur die Harten kommen in den Garten.	Ohne Kontakt zu mir selbst bin ich kein guter Sensor für wirksame Prozesse und wirksame Teams.
Augen zu und durch! Lieber nochmal einen Verfahrensfehler finden und den Kopf in die Akten stecken.	Produktiver Austausch, Klarheit suchen, Konfrontieren mit Unangenehmem. Infragestellen des Status quo.
Konflikte sind Ränkespiele der Macht.	Konflikte sind Teil der Weiterentwicklung.
Höher, schneller, weiter um jeden Preis.	Die Natur kennt nur Lösungen, keine Perfektion.

Wenn wir die Anforderungen der alten und der neuen Welt nebeneinanderstellen, wird schnell klar, in welchem Spannungsfeld wir uns bewegen. Die Wahrscheinlichkeit, dass wir mit unserem inneren mentalen System perfekt zu dem des Unternehmens passen, ist schon sehr gering. Auch unsere Mitarbeiterinnen und Mitarbeiter stehen mit ihren individuellen Prägungen und Prozessen mal auf der linken, mal auf der rechten Seite der Tabelle. Mal wünschen sie sich von uns die Vorgaben der alten Welt und wir sollen endlich die sachlich richtigen Prozesse einführen. Bei anderen Dingen, die ihnen wichtig sind, wollen sie aber unbedingt mitentscheiden. Auch hier ergibt sich im Alltag ein widersprüchliches Bild. Eine Wildblumenwiese. Ein unendliches Potenzial – und eben auch vielschichtig. Wir brauchen geschärfte Sinne. Alles über einen Kamm zu scheren und zu pauschal zu denken, wäre fatal. Differenziertheit und Besonnenheit sind gute Begleiter in diesen Zeiten!

Sinnstiftende Narrative geben Halt

Gerade bei komplexen Themen helfen uns immer wieder Modelle, die uns das Geschehen verständlich machen. Sobald wir etwas einordnen können, fühlen wir uns besser, denn Orientierung weckt Energie. Lassen Sie uns in der Biologie bleiben. Das Panarchie-Modell, oder auch Adaptive Cycle genannt, wurde von den Ökologen C. S. Holling und Lance H. Gunderson in den 1980er Jahren entwickelt, um die Dynamik von Ökosystemen und sozialen Systemen zu beschreiben.[33] Das Modell sieht aus wie eine *auf die Seite gekippte Acht*, hat also keinen Anfang und kein Ende und beschreibt einen Kreislauf von *Entstehen, Vergehen und Wiedererstehen*. An unserem Institut verwenden wir es im Coaching, wenn es um die verschiedenen Phasen eines Menschen im Rahmen seiner Identitätsentwicklung geht, denn auch hier geht es im Laufe des Lebens darum, sich neu zu erfinden und auch mal Altes hinter sich zu lassen, selbst wenn es eine Zeit lang sehr gut war. Das Modell von Holling und Gunderson geht davon aus, dass natürliche und soziale Systeme vier Phasen durchlaufen: Wachstum, Stabilität, Zusammenbruch und Regeneration. Es lässt sich anhand der Wachstums- und Entwicklungsphasen eines Waldes veranschaulichen, denn aus der Betrachtung des Ökosystems Wald stammt es ursprünglich. C. S. Holling war ein kanadischer Biologe, der in engem Kontakt mit der Forstwirtschaft stand, weil er sich für die nachhaltige Bewirtschaftung von Wäldern interessierte. In der *Wachstumsphase* eines Waldes, so Holling, entsteht sehr schnell ein neues System, das sich rasch und stabil entwickelt. Wenn Wälder entstehen, ist die erste Phase also durch viel Bewegung und Wachstum gekennzeichnet. Die Bäume wachsen schnell in die Höhe und breiten sich aus, um sich im Wettbewerb um Licht und Nährstoffe zu behaupten. Die Bäume beginnen, Schatten zu werfen, was das Wachstum der unteren Pflanzenschichten beeinträchtigt und die Konkurrenz um Ressourcen verschärft. Der schnell und wild gewachsene Wald tritt anschließend in eine andere Phase ein: die *Stabilität* oder auch *Konservierung*. Mittelfristig entsteht ein Über- und Unterordnungsverhältnis, das im Extremfall zu Monokulturen führt. Auch ohne menschliches Zutun werden sich bestimmte Baum- und Pflanzenarten im System durch-

Entstehen, Wachsen, Blühen, Verblühen, Neubeginn … ein ewiger Kreislauf!

setzen und dominieren. Allerdings sind nur bestimmte Baum- und Pflanzenarten »stark« genug, von sich aus Monokulturen zu verursachen, mit den folgenden Eigenschaften: überdurchschnittlich schnelles Wachstum, anspruchslos und widerstandsfähig (nährstoffarme Böden sind kein Problem), Anpassung an schwierige Bedingungen, faire Verbreitungs- und Präsenzstrategien (viele Zapfen mit vielen Samen) und unfaire Durchsetzungsstrategien gegenüber Konkurrenten (man kann anderen das Wasser abgraben, wenn es ums Überleben geht). Diese Pflanzenarten haben eine höhere Wachstumsrate, eine höhere Keimrate und eine bessere Anpassungsfähigkeit an verschiedene Umweltbedingungen. Diese Stabilität der Monokultur kann lange anhalten. Aber je länger sie andauert, desto mehr nimmt die Widerstandsfähigkeit ab. Einseitigkeit macht porös und dadurch anfällig für Insektenbefall oder Zerstörung durch Sturm oder Feuer. Es beginnt die Phase des Zusammenbruchs, wie am Anfang des Kapitels beschrieben. In der Zerstörungs- oder Krisenphase geht das Vorhandene verloren. Die Waldlandschaft stirbt in ihrer alten Form ab. Nichts ist mehr so, wie es jahrelang war. Nach dem Zusammenbruch des Systems beginnt die *Regeneration.* Die ersten Pflanzen, später auch Baumtriebe, sprießen und der Kreislauf beginnt von Neuem, in gewisser Weise vergleichbar mit unseren mitteleuropäischen Jahreszeiten: Im Frühjahr sprießt alles mit großer Geschwindigkeit, im Sommer steht vieles in voller Blüte, und die Herbststürme fegen das alte Laub von den Bäumen, damit nach einer Winterpause wieder alles bereit ist für den Frühling.

Die Lazy Eight als Modell für wirtschaftliche Transformation

Das Frankfurter Zukunftsinstitut unter der Leitung von Harry Gatterer hat das Panarchie-Modell weiterentwickelt, das zeigt, wie Transformation in der Wirtschaft verstanden werden kann. Im Modell der Lazy Eight[34] wird deutlich, dass es an bestimmten Punkten in der wirtschaftlichen Entwicklung nicht nur um die Wiederholung des immer Gleichen geht. (Abb. 16) Das Modell benennt den Punkt, an dem Paradigmenwechsel sichtbar werden, an dem sich *das alte Spiel* nicht wiederholt, sondern in *ein neues Spiel* überführt wird, in dem dann andere Regeln gelten.

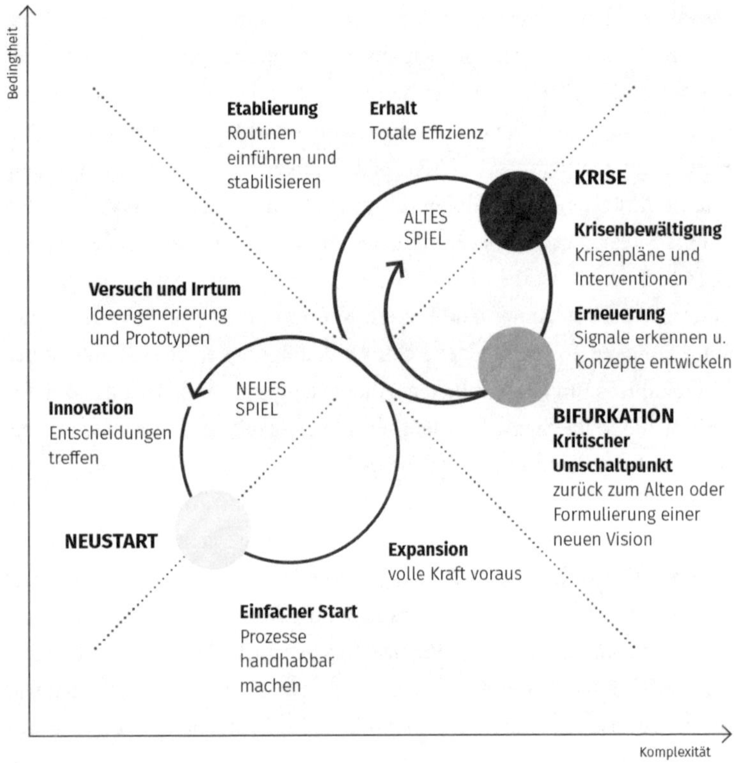

Abb. 16: Wirtschaft im Wandel: Modell der Lazy Eight des Zukunftsinstituts Frankfurt/Main

Übertragen auf unsere Organisationen ist der Wandel zum neuen Spiel sicherlich in vielen Aspekten spürbar, und das schon seit einigen Jahren. Der Vorstandsvorsitzende der Bayer AG, Bill Anderson, spricht im Gespräch mit dem Journalisten Gabor Steingart nicht von einer Reform, sondern von einer Revolution der Arbeitskultur, indem er das Modell der dynamisch verteilten Verantwortung einführte, um der aktuellen Krise zu begegnen – ein praktisches Beispiel für den Übergang von einem alten zu einem neuen Spiel. Vor der Krise waren die Spielregeln für den Erfolg klar und eindeutig: Sie konnten in weiteren internen Regeln festgehalten werden, in Handbüchern, wie Prozesse kontrolliert werden. Und in der Phase der Stabilität wurden mit diesem

Prozessmanagement Unternehmenserfolge erzielt. Aber das funktioniert heute nicht mehr. »Der Feind sitzt in uns, auch in mir«, beschreibt Anderson das notwendige Umdenken im Management. »Solange man lernbereit ist, kann jeder zu dieser Veränderung beitragen. Man muss sich selbst ändern und den anderen dabei helfen«.[35] Bezogen auf das Thema Wohlbefinden besteht unsere Herausforderung also darin, uns selbst in unserem Mindset und die bestehende Unternehmenskultur immer und immer wieder zu reflektieren und in Richtung *Zukunftstauglichkeit* zu regulieren. Harmonisch ist es, wenn die abgefragten Erfolgsfaktoren des Unternehmens mit unserer individuellen Perspektive übereinstimmen. Spannungen entstehen, sobald das innere Spiel und die äußere Kultur zu weit auseinanderklaffen.

Wir Führungskräfte haben den Anspruch zu führen. In diesem Sinne möchte ich uns ermutigen, kulturell immer einen guten Schritt voraus zu sein: auch wenn wir mit den Füßen in der Gegenwart stehen, mental und emotional mit der Zukunft zu flirten. Stellen wir uns also gut für die Zukunft auf. In Zeiten von Konservation und Kontrolle waren harsche Kritik, Misstrauen und Druck nach Innen und Außen unsere besten Topspieler, die unseren Erfolg ermöglicht und verteidigt haben. In Zukunft brauchen wir auch andere innere Teamplayer, die das neue Spiel beherrschen: Zutrauen, Dialogfähigkeit, Wholeness, Selbstregulation, Mastery. Hier mein Vorschlag zur Teamaufstellung für das Zukunftsspiel im Vergleich zum alten Spiel.

Spieler im alten Spiel:

- Im Tor: Machterhalt
- Verteidigung: Kritik & Ignoranz
- Mittelfeld: Misstrauen & Kontrolle
- Vorne: Druck & Gesetze
- Auf der Reservebank: Perfektion, Rigidität, Status Spieler, Pokerface

Spieler im neuen Spiel:

- Im Tor: Mensch
- Verteidigung: Wholeness (Ganzheitlichkeit) & Selbsttreue

- Mittelfeld: Dialog & Selbstregulation & Mastery (Lust auf Meisterschaft)
- Vorne: Offenheit
- Auf der Reservebank: Wohlwollen, Neugier, Zutrauen, Mut, Lernen

Fragen zur Selbstreflexion

- Wo verorte ich mich und mein Unternehmen kulturell in der Lazy Eight? Woran mache ich das fest?
- Was würde es für mich konkret bedeuten, einen Schritt in die Zukunft zu gehen? Welche Fähigkeiten werden mir in Zukunft helfen, einen guten Job zu machen und mit mir im Reinen zu sein?
- Welche Haltung nehme ich ein? Für wen wird sie wie sichtbar?
- Was ändert sich in meinem konkreten Führungsalltag? Welche Zukunft kann ich antizipieren?

Führung in Zeiten der Transformation ist also wirklich anspruchsvoll und oft muss ich als Führungskraft beide Welten verstehen und mich in ihnen produktiv zurechtfinden. Wer hier gesund bleiben will, braucht kulturelle Flexibilität, die aber auf einem eigenen Rollen- und Werteverständnis basiert. Das ist anspruchsvoll, aber zum Glück haben viele von uns auch internationale Erfahrung und wissen, dass man sich anpassen kann, ohne sich selbst zu verleugnen. Es gilt also, die innere Elastizität zu pflegen, wobei auch reflektierende Gespräche unter Peers helfen, die manchmal verrückten Widersprüche unserer Zeit zu verarbeiten. Auch das kann Selfcare Next Level sein. Bleiben wir also großzügig zu uns selbst. Wir sind lebendige Individuen im Spiel der Lebendigkeit mit anderen. Bleiben wir Menschen unter Menschen und widmen wir uns so der bestmöglichen Gestaltung unserer Aufgaben.

Die Freude, gegen die Laufrichtung zu denken

Egal wie wir es drehen und wenden, als Führungskräfte sind wir mehr denn je gefordert, in unserer eigenen Kraft zu bleiben und dafür zu sorgen, dass wir auch mittelfristig mit komplexen Anforderungen umgehen können. Ein wunderbarer, überraschender Energielieferant sind Momente oder gar Stunden, in denen wir allein oder im Team *Bestehendes in Frage stellen*. In Phasen des Übergangs von der alten in die neue Welt sind diese eine wichtige Voraussetzung, um Raum für Neues schaffen zu können. Der renommierte Organisationspsychologe Adam Grant liefert uns wichtige Forschungsergebnisse dafür, wie Nonkonformismus und Originalität im Denken und Handeln nicht nur unser Wohlbefinden fördern, sondern zu bemerkenswerten Ergebnissen führen können.[36] Er argumentiert, dass die Fähigkeit, Bestehendes in Frage zu stellen, eine zentrale Führungskompetenz ist, denn wir kommen nicht umhin, etablierte, aber überholte Strukturen, Produkte und Verhaltensweisen über Bord zu werfen. Nur so kann Platz für Neues entstehen. Aus nonkonformistischem und originellem Denken können Innovationen auf allen Ebenen entstehen, die sowohl wirtschaftlich, sozial und emotional interessant sein können. Nonkonformismus und Originalität im Arbeitskontext zuzulassen und sogar zu fördern, steigert das persönliche Wohlbefinden, denn Menschen tragen gerne zu unkonventionellen Lösungen bei, gerne auch deshalb, weil es positives Feedback bedeutet, wenn eigene Ideen zur Wirklichkeit werden. Ich stimme Adam Grant zu. Meetings, in denen *frisch und ohne Tabus* gedacht werden kann, sind mutige und menschenfreundliche Räume, die wir von Zeit zu Zeit gezielt schaffen sollten, um einen Beitrag zur Veränderung unserer Wirtschaft zu leisten.

Könnte man X auch anders lösen? Aufräumen ohne Tabus setzt Energie frei!

Gönnen wir uns also – uns selbst und dem Erfolg unseres Unternehmens zuliebe – Zeiten, in denen wir *alte Normen und den Status quo* in Frage stellen. »You must learn one thing: The world was made to be free in«, provoziert uns der Poet David White in seinem Gedicht *Sweet darkness*.[37] So schwierig die Zeiten auch sein mögen, noch nie war es so einfach, die Dinge ganz anders zu denken. »Vom Extrahieren zum Regenerieren, vom Wettkampf zur Zusammenarbeit, von Unwucht zur

Balance«,[38] fasst Maja Göpel zusammen. Und wir tun gut daran, es zu tun – im Kleinen wie im Großen. Müssen unsere Meetings so ablaufen wie bisher? Sind sie lebendig und produktiv? Wollen wir unsere Produkte und Dienstleistungen so lassen, wie sie sind? Überzeugen sie uns? Arbeiten wir alle an den Aufgaben, die wir am besten können, oder sollten wir die Aufgaben anders verteilen? Das sind nur einige Aspekte, die wir kreativ hinterfragen können. Den besten Überblick haben Sie selbst. Lassen Sie den Radar über die Dinge laufen, die Ihnen am meisten Unbehagen bereiten. Ist es die Meetingkultur, die uns ohne Pause von Meeting zu Meeting hetzen lässt? Wollen wir das so lassen? Ist es die immer offene Tür, die es unmöglich macht, konzentriert zu arbeiten? Ist es das falsche Ja, das man sagt, wenn man Nein meint? Ein Ja, das sich selbst und die eigenen Grenzen verleugnet, gegenüber den Kolleginnen und Kollegen, gegenüber dem Vorgesetzten oder auch gegenüber dem drängenden Kunden aus der alten Welt? Erinnern wir uns: Die alte Welt kommt immer mit Druck, das gehört dazu. Wir können uns jetzt fragen, ob und inwieweit wir diese Spielregeln für uns und andere aufrechterhalten wollen.

Zukunftsorientierung heißt: Ich stelle mich in und für die Zukunft besser auf als bisher. Bisher war etwas gut – ab heute machen wir es anders. Aus einem solchen »Frischer-Wind-Meeting« entstand bei einer Klientin die Idee, Online-Meetings auf 50 Minuten zu begrenzen, anstatt sie bei 60 Minuten zu belassen. Die alte Variante nötigte allen ab, Toilettengänge oder Getränke- oder Snackaufnahmen unter Stress zu erledigen. Diese kleine Änderung brachte eine große Verbesserung in die Belegschaft, da inhaltlich tatsächlich nichts verloren ging, aber sich die Lebensqualität während der Arbeitszeit merklich verbesserte. Kleiner Hebel, große Wirkung.

In der Dusche entstehen die besten Ideen

Ideen zu entwickeln macht vielen Menschen Freude. Es setzt Energie frei. Die besten Ideen haben viele Menschen oft unter der Dusche. Warum? Weil wir hier meistens ganz entspannt sein können, kein Druck weit und breit. Zumindest für ein paar Minuten sind wir für uns. Wir haben Zeit, der Vorhang oder die Tür ist geschlossen, ein paar Minuten Zeit. Kreativität entsteht schnell, sobald Druck weicht. *Druck und gute Ideen vertragen sich nicht.* Unter Druck, sei es Zeitdruck, Gefälligkeitsdruck oder Erwartungsdruck, sind wir im Reaktions-Modus, die neuronalen Netze machen dicht. Insofern tun wir alle gut daran, druckfreie Momente oder Zonen in unseren Alltag einzubauen, in denen wir gute Ideen generieren können. Bauen Sie sich bewusst diese Zeiten ein. Auszeiten, jenseits der operativen Zwänge, sind nicht nur für unser Wohlbefinden wichtig, wir erkennen auch erst in diesen Zeiten, wo Entlastung durch Veränderung möglich sein kann.

Aus meiner Coachingpraxis

Frank war genervt. Endlich hatte er es in seiner Abteilung geschafft, dass die ungeliebten 360-Grad-Feedbackgespräche wirklich gut vorbereitet stattfinden konnten. Es hatte viel Überzeugungsarbeit gekostet und Jahre gedauert, bis er alle davon überzeugt hatte, die strategisch gewünschte Theorie in gelebte Praxis umzusetzen. Bei Feedbackgesprächen muss jeder viele Situationen durchdenken, um detailliertes Feedback geben zu können. »Und statt dass wir alle motivierter und stärker sind, ist jetzt eine ganz komische Stimmung. Vor dem Feedback war es schon oft angespannt, aber jetzt, wo jeder weiß, dass er für alles bewertet werden kann, ist es noch schlimmer geworden.« Frank sah verzweifelt aus. »Eine Feedbackkultur muss nicht immer gut sein«, sagte ich und merkte, dass Frank mit Anspannung reagierte und er hoffte, ich würde es ironisch meinen. »Natürlich ist Feedback ein allgemein akzeptiertes Instrument in unserer Geschäftswelt, aber es gibt auch gute Gründe, sich gegen eine Feedbackkultur zu entscheiden. Kennen Sie das Buch von Carol Sanford *No more Feedback?*[39] Er schüttelte den Kopf. In diesem Buch beschreibt Carol Sanford, Beraterin namhafter Unternehmen wie Google, Unilever et cetera, gute Gründe, warum Feedback nicht die beste aller Lösungen sein muss. Sanfords Grundgedanke ist, dass es viel effektiver ist, wenn Menschen durch fundierte Selbstreflexion (anstatt durch Feedback von außen) zu Einsichten kommen und so zu Veränderungsbereitschaft gelangen. Sehr nachdenklich ging Frank an diesem Tag nach Hause. In den folgenden Wochen beschäftigte er sich mit diesem Thema und begann, auch mit seinen Kollegen darüber zu sprechen. Angeregt durch Carol Sanfords Ansätze, entschied sich das Führungsteam, die heilige Kuh »Feedbackgespräch« abzuschaffen und stattdessen konsequent in die Selbstwirksamkeit aller Mitarbeitenden zu investieren. Die Stimmung wurde besser, die Arbeitsergebnisse auch. Selbst die Kündigungs- und Krankheitsquote verringerten sich. Sie hatten sich also entschieden, mutig eigene Wege auszuprobieren und nicht dem »Man macht das so!« blind nachzueifern.

In Übergangszeiten lohnt es sich für uns Führungskräfte, wirklich *alles auf den Prüfstand zu stellen*. Denn »die Zukunft der Arbeit ist auch Arbeit an der Zukunft« und wir können hier unsere MI (= Menschliche Intelligenz) unter Beweis stellen.«[40] Die Wahrscheinlichkeit, dass wir Dinge finden, die noch in die alte Welt gehören, ist hoch. Selbst in den äußerlich modernsten Umfeldern sind im Mindset der Leute Relikte aus der alten Welt zu finden: der Glaube an Druck und Selbstausbeutung oder ein angstorientiertes Handeln, das kein Vertrauen in sich selbst, in andere oder in Prozesse offenbart. What would you do if you weren't afraid? What would you do if you could trust in yourself and the future? Hier können wir uns alle an die eigene Nase fassen und das Schöne ist: Als Führungskräfte haben wir Entscheidungsspielräume. Lassen Sie uns diese nutzen.

Eisberg-Modelle über Bord werfen

Im Rahmen meiner Tätigkeit als Coach habe ich viele Management-Modelle kennengelernt. Das Modell, auf das ich am häufigsten traf, war das Eisberg-Modell. Ursprünglich aus den Ideen Sigmund Freuds entwickelt, hat es das Modell zu einer weltweiten Verbreitung in der Managementliteratur gebracht. Es suggeriert, dass wir bei einem Menschen nur die Spitze eines Eisbergs sehen. Die Spitze ist das »Bewusste« nach

Freud und unter der Wasseroberfläche lauert das Unbewusste. Immer wieder finde ich da Begriffe wie: *Ängste, verdrängte Konflikte, traumatische Erlebnisse, Unsicherheit, Triebabfuhr und Unsicherheit.*[41] Bekommen Sie bei dieser Vorstellung eines Menschen Lust, diesen Menschen kennenzulernen? Ich nicht! Für mich passt das Eisberg-Modell mit seinen erschreckenden Annahmen, dass sich unter der Wasseroberfläche eines Menschen 80 Prozent Grauen verbergen, nicht in eine Zeit, in der wir Vertrauen in uns selbst und in andere entwickeln können. Ich möchte also nachfolgend einen anderen Vorschlag machen.

Wir alle kennen den Eiffelturm. An welche Stadt denken wir dabei? Keine Frage: Paris!

Abb. 17: Menschen sind lebendig und vielschichtig wie eine Metropole: Das »Eiffelturm = Paris?«-Modell

Der Eiffelturm steht für das stigmatisierende Bild, das wir uns von einem Menschen machen und bei dem wir alle erst einmal sagen: Das ist Frank! Er ist gut im Programmieren, nicht sehr kommunikativ, aber in technischen Fragen top. Das ist Julia. Sie ist analytisch oder empathisch oder eine gute Teamplayerin. Das ist der Eiffelturm in Paris! Aber die Frage, die sich bei diesem Modell stellt, ist: Ist der Eiffelturm gleich Paris? Da würden wir doch alle schnell ins Zweifeln kommen, oder? Eiffelturm = Paris? Nein. Paris ist so viel mehr, viele weitere Aspekte fallen uns ein: Louvre, Avenue des Champs-Élysées, die Gärten von Versailles, Arc de Triomphe, unzählige Boulevards, Plätze, Theater, Bistros, die Seine, Parks… und Paris hat über 2 Millionen Einwohner, darunter x Führungskräfte, Unternehmer, Erfolgsmenschen, Kreative. Schauen wir uns das Potenzial von Paris an, gibt es dort noch so viel bisher nicht ausgeschöpftes Potenzial. Es leben dort Kinder, die einmal Innovatoren, Stararchitekten, Philosophen oder KI-Unternehmer werden. Das ist potenzialorientiertes Denken. Wenn wir einen Menschen anschauen, können wir erahnen, welch unglaubliches Potenzial in ihm steckt, das noch nicht ausgeschöpft ist. Niemand lässt sich auch nur ansatzweise mit Schlagworten erschöpfend beschreiben. Jeder Mensch ist ein Universum, und in diesem Universum gibt es unendlich viel zu entdecken. Wir sollten uns nicht vom Eiffelturm blenden lassen. *Es lohnt sich, Frank, Julia und vor allem uns selbst so zu sehen, dass wir eine unendlich große Fülle an Möglichkeiten und Fähigkeiten in uns tragen, selbst wenn diese zurzeit für uns selbst und andere nicht direkt sichtbar sind.*

Jeder Mensch ist eine Metropole und in dieser gibt es unendlich viel zu entdecken!

Diese Analogie zeigt, dass wir bei oberflächlichem Denken nur die oberste Schicht eines Menschen sehen. Dahinter verbirgt sich eine andere, bunte und vielschichtige Welt. Auch in uns selbst schlummert ein großes Potenzial, bestehend aus Emotionen, Fähigkeiten, Einstellungen, Ideen, Talenten und allem, was noch nicht entwickelt oder abgerufen wurde. Durch Sensorship – die sensiblen Drähte zu uns selbst und zur Welt – können wir immer mehr von unserem Potenzial verwirklichen. Wenn ich so über mich und die Menschen denke, bekomme ich sofort Lust, etwas Neues auszuprobieren oder mich mit anderen Menschen zu verbinden. Lassen Sie uns die Vielschichtigkeit von Paris, Rom oder anderen polyzentrischen Metropolen in uns entdecken und die Potenziale heben. Niemand sollte in eine kleine Schublade gepackt werden. Wenn wir uns aufgrund unseres Potenzials mehr zutrauen, trauen wir uns auch, unsere Arbeitswelten und ihre Selbstverständlichkeiten immer wieder mutig in Frage zu stellen, und es wird Raum frei für Neues. Originell zu sein, ist dann nicht mehr das Privileg einiger weniger. Wir können uns durch einen *unkonventionellen und mutigen Arbeitsstil* ausdrücken und große sowie kleine Prozesse in unserem Alltag verändern. Als Initiatoren der Veränderung steigern wir unsere Energie, weil wir uns als wirksam erleben. Energie bündeln erzeugt Energie. Dann sind wir mutige Menschen und befinden uns im Entfaltungs-Modus.

Gemeinsam an attraktiven Zukünften arbeiten

Gerade in Übergangszeiten kann es uns sehr helfen, eine klare Vorstellung von dem zu haben, worauf wir hinarbeiten und warum wir darauf hinarbeiten – die Frage nach dem Sinn unseres Tuns zu stellen. Dies ist jedoch nicht ganz einfach. Aufgrund der beschleunigten und vernetzten Welt mit so vielen unterschiedlichen Krisenprozessen sind stark zugespitzte Zukunftsvorstellungen schwierig. Was uns als Individuum bleibt, ist, im eigenen Bereich zukunftstaugliche Vorstellungen zu entwickeln und diese voranzutreiben. Vielleicht steckt in uns eine *Projektidee Zukunft*? Wie im Kapitel der Individuation beschrieben, sollten wir hier am besten unserem inneren oder äußeren Ruf folgen. Sind neue Ideen konkretisiert, eventuell auch schon mit einem Fundament an Wissen oder Know-how vorangetrieben, ist der nächste Schritt, damit in die Veröffentlichung zu gehen. Das bedeutet, mit Menschen zu sprechen, für die das Thema eventuell interessant sein kann. »Isolation is the killer of your dreams«, sagte Barbara Sher und experimentierte bereits 1972 mit sogenannten *Erfolgsteams*, in denen Menschen Seite an Seite ihre Ziele verfolgen konnten.[42] Mittlerweile bestätigen alle weiteren Forschungen den wichtigen Aspekt der *Verbindung mit anderen Menschen*, damit wir auf dieser Basis weiter produktiv sein können. Im Übergang von der alten zur neuen Wirtschaftswelt sollten wir uns dieses Wissen zunutze machen. Unsere neuen Projektideen brauchen unbedingt soziale Resonanz und Unterstützung. Hier hilft uns die virtualisierte und globalisierte Welt enorm, da wir nicht lokal nach Netzwerken suchen müssen, sondern die ganze Welt zur Verfügung haben, um Gleichgesinnte zu finden. Im Idealfall finden wir für unsere wichtigen Anliegen die richtigen mentalen oder praktischen Unterstützer, um dann der Realisierung unserer Projekte immer näher zu kommen. So entstehen wichtige und zukunftsweisende Pionierprojekte. Bleiben wir also neugierig, inspiriert und offen. Meistens sind wir mit unseren Ideen, an Verbesserungen zu arbeiten, nicht allein, und nichts motiviert uns Menschen mehr, als an Veränderungen mitzuarbeiten, die wir als sinnvoll erachten.

Das Two-Loops-Modell des Berkana Institute[43] zeigt, wie systemische Paradigmenwechsel funktionieren. Es wurde in den 1990er Jahren vom Berkana Institute entwickelt, um komplexe soziale und organisatorische Veränderungen zu beschreiben. Es stammt von Margaret Wheatley und Deborah Frieze. Das Modell entstand aus dem Bedürfnis heraus, die Dynamik von Veränderungen in Organisationen besser zu verstehen und den Blick für die verschiedenen Paradigmen zu schärfen. Es basiert auf jahrelanger Forschung und Praxisanwendung in verschiedenen Kontexten weltweit und wurde stark von den Erfahrungen im Bereich der sozialen Innovation geprägt. Paradigmenwechsel sind, wie in dem Modell erkennbar, keine linearen Prozesse, bei denen man eines Tages sein altes, muffiges Büro abschließt und am nächsten Tag in ein anderes, frisches, buntes Arbeitsleben hineingeht. Kulturelle Transformation folgt einer Entwicklung einer Gleichzeitigkeit von altem Bestehendem (Loop 1) und der Vorbereitung des Neuen (Loop 2) (Abb. 18).[44]

Der erste Bogen (Loop 1) repräsentiert das aktuell dominante System mit seinen etablierten Prozessen und Privilegierten (im Modell werden sie Stabilisatoren genannt). In diesem System, das beim Panarchie-Modell der Konservierungsphase entspricht, ist alles an seinem Platz, Regeln sind definiert. Viele Ressourcen sind da. So ist es richtig.

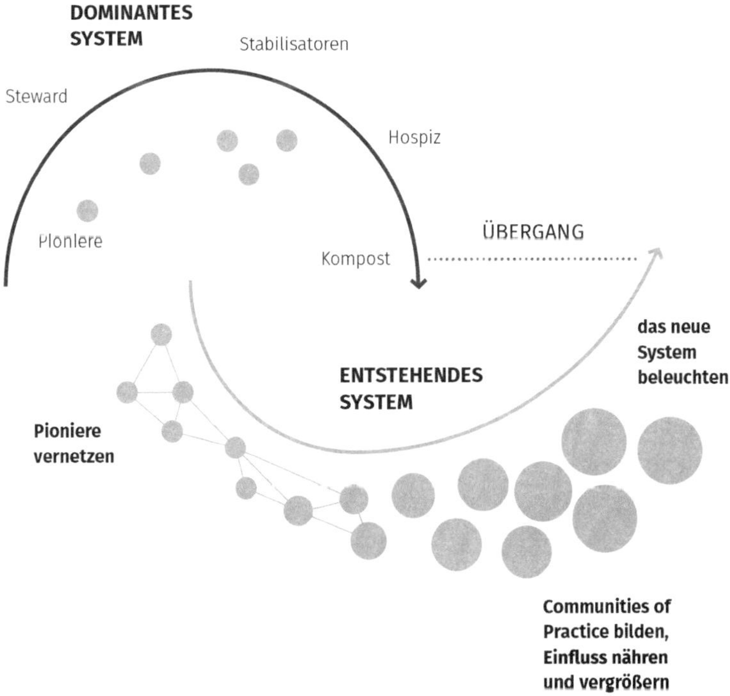

Abb. 18: Die Parallelität von Gegenwart und Zukunft: das Two-Loops-Modell – Berkana Institute

So wird es gemacht. Gesetze und Regeln sind dominant, weil sich das Erfolgsmodell erhalten will. Der zweite Bogen (Loop 2) zeigt die Gegenbewegung zum dominanten System auf. Zunächst unter dem Radar des Etablierten gibt es Pioniere, die neue Ideen entwickeln. Die Motivation entsteht deshalb, weil sich immer ein paar Menschen von einem System nicht abgeholt fühlen und sie sich nicht mit dem dominanten System identifizieren können. Im Lauf der Zeit vernetzen sich Pioniere und finden zueinander und formen eine eigene Welt oder eine eigene Struktur. Sie werden ab einer gewissen Größe als alternatives System sichtbar und erlebbar. Nun kann der Shift erfolgen und das neue System wird nach und nach zur neuen Norm. Einige aus der alten Welt treten in die neue Welt über. Dann geht das Spiel weiter, denn auch unter der neuen etablierten Kultur werden sich wieder weitere Ideen finden lassen.

Das Bereichernde an dem Two-Loops-Modell liegt in der *Normalisierung des Spannungsfelds*, das wir bei Umbrüchen immer mitzutragen haben. Gerne glauben wir im Alltag, dass Wandel nur eine Entweder-oder-Entscheidung ist, die man per Knopfdruck initiieren kann. Wieder eine technische Vorstellung von Welt. In Wirklichkeit sind wir in Übergängen immer in widersprüchlichen Prozessen, in denen unausweichlich unterschiedliche Werte, Ziele und Prozesse aufeinanderkrachen. Willkommen in unserem Alltag, liebe Führungskräfte!

Die Navigation durch dieses Spannungsfeld erfordert viel Sensorship für alle Beteiligten und Prozesse, die Aufmerksamkeit des Gardenings, auch die Aufmerksamkeit für die Beteiligten, die noch im Loop 1 unterwegs sind. Um diese Kluft zu überbrücken, braucht es ein Höchstmaß an Flexibilität, permanente Lernprozesse und ein sensibles Vorgehen mit allen Beteiligten. Und es braucht natürlich immer wieder eine aktive Selbstfürsorge, damit wir von den Spannungen nicht auseinandergerissen werden.

Ich empfehle Ihnen, die Situation in Ihrem Unternehmen mithilfe des Two-Loops-Modells zu analysieren.

Fragen zur Selbstreflexion

- Was ist aktuell das dominante System in meinem Unternehmen? Woran zeigt sich das konkret?
- Welches andere und neue System entsteht? Woran zeigt sich das konkret?
- In welchem System spiele ich als Führungskraft welche Rolle?
- Was kann mein Beitrag zur Zukunftsfähigkeit meines Unternehmens sein, den ich mit mir selbst in gutem Einklang erbringen kann? Wo brauche ich den Austausch mit anderen, um supportive Netzwerke aufzubauen?

Egal, in welcher Phase das Unternehmen steht, es gibt viele Dinge zu beachten. Den ehemaligen Stabilisatoren von Loop 1 muss im fortgeschrittenen Stadium ein wertschätzender Übergang oder Ausstieg ermöglicht werden, während die Loop-2-Pioniere Wachstums- und Experimentierfelder brauchen, um an »alternativen Erfolgsmodellen« zu arbeiten und vor der repressiven Kraft von Loop 1 geschützt zu werden.

Altes Ich – neues Ich

Auch unser Selbstbild als Führungskraft ist in permanentem Wandel und wir können es mithilfe des Modells reflektieren. Es gibt immer ein etabliertes Ich (»So bin ich! So kenn ich mich! = Altes Ich) und es gibt aber auch immer ein mögliches neues Ich, das sich in uns bereits vorbereitet. In der Übergangsphase von autoritärer Führung zur paritätischen Führung mussten sich alle Führungskräfte tatsächlich auch selbst mental transformieren. Glaubte mein altes Führungs-Ich noch an Demand & Control und harsche Kritik, fing mein neues Ich an, diese Vorgehensweise in Frage zu stellen und Ideen von Respekt, Feedback und Augenhöhe zu vertreten. Und im Zuge eines inneren Systemwechsels werden die alten Überzeugungen zunächst stark um ihr Überleben kämpfen. Man wird versuchen, sich zu bestätigen, dass es schließlich nur im alten Sinne geht und dass es richtig ist. Ein System versucht, sich immer selbst zu bestätigen und zu erhalten. Vermutlich lässt man sich auch von gleichgesinnten alten Peers bestätigen, dass man »richtig tickt«! Mit zunehmender Dauer jedoch verliert das *Alte Ich* an Überzeugungskraft und die neue Sicht auf sich selbst setzt sich durch. Oder alternativ bleibt der Ausstieg aus der Businesswelt, die nicht mehr so funktioniert, wie man sie mal in seiner besten Zeit kennengelernt hat.

Altes Ich – neues Ich?

In unserem jeweiligen Selbstverständnis lassen sich also alte und neue Selbst-Vorstellungen finden. In einer Wirtschaftswelt, die von Konservierung und Kontrolle geleitet ist, sind die Menschen erfolgreich, die die dafür geeigneten inneren Spieler aktivieren, die sich durch folgende Haltungen auszeichnen: Um die alte Macht zu erhalten, wird alles andere streng abgewertet oder ignoriert. Sie üben Kontrolle aus, indem sie allem und jedem misstrauen, was sich neu oder ungewohnt zeigt. Sie gießen die eigenen Spielregeln in die Gesetze der Welt: So geht's und nicht anders! Es sind die Spielregeln der Superhelden – das alte Spiel, aber zum Glück können wir uns in unserem Selbstverständnis ändern. Vielleicht hat uns eine äußere oder innere Krise erschüttert und wir können ein *neues Selbstbild* entwickeln. Wir können uns jetzt regenerieren, können beginnen, *uns selbst zu vertrauen*. Wir können uns wieder mit *uns selbst verbinden*, können uns *selbst treu* werden. Wir dürfen echte Verbundenheit spüren, wo wir mal geben und mal nehmen. Wo nicht die Angst die geheime Regie übernommen hat, sondern ein Vertrauen in Prozesse, in sich selbst und in die Idee von Kooperation. Wo wir mal selbst klug sind und mal von der Klugheit anderer überzeugt werden, wo wir rational und emotional sein dürfen. Wo es *Kraft und Grenzen* gibt, Kopf und Körper. Wo wir andere bewegen und auch bewegt werden. Wo wir unsere Stressmomente und mentalen Entgleisungen spüren und regulieren können. Wo wir uns für uns selbst und für andere interessieren: Jede und jeder ist ein Individuum, uns selbst zugehörig und einer Wertegemeinschaft: lebendiger Mensch.

Es steckt viel ungenutztes Potenzial darin, unsere Zukunftsskills auf allen Ebenen zu entfalten. Lassen Sie uns jeden Tag ein bisschen mehr von der Zukunftsqualität in unseren Alltag bringen, indem wir den Status quo beherzt in Frage stellen und bei Bedarf nach zeitgemäßen neuen Ausrichtungen fahnden. Es darf sich ungewohnt anfühlen: Wenn etwas Neues beginnt, ist das immer auch eine Wackelpartie, bis sich ein neues System wirklich aufgebaut hat. Nutzen wir die Möglichkeiten, mit uns selbst und Gleichgesinnten in Verbindung zu treten. Das wird uns die Energie geben, den Wandel auf allen Ebenen gut voranzubringen.

ESSENZ FÜR EILIGE

Eine Führungskraft, die ihr altes Selbstverständnis mitträgt, landet in einer Überforderung. Nur wenn wir uns den Anforderungen der Zukunft stellen und uns ihnen entsprechend neu erfinden, bleiben wir stabil.

Unternehmen durchlaufen unterschiedliche Entwicklungsphasen von Entstehung/Wachstum über Etablierung und Kontrolle über eine Krise in die Regeneration. Jede Phase braucht andere Führungsqualitäten.

Viele etablierte Unternehmen werden durch »alte Spiele« bestimmt, die sich in Dominanz, Kontrolle, Misstrauen, Druck, Ignoranz und Abwertung von Neuem zeigen. »Neue Spiele« brauchen andere Player wie Wholeness, Selbsttreue, Dialog, Selbstregulation & Mastery (Lust auf Meisterschaft) und Offenheit.

Alles, was Führungskräfte im Alltag umgibt, darf in Frage gestellt werden: Die Wahrscheinlichkeit, dass alte Gewohnheiten überall lauern, ist sehr groß. Entrümpeln energetisiert.

Gegen die Laufrichtung zu denken, kann sehr befreiend sein. Gerade »heilige« Dinge wie Meetingabläufe, Feedbackkultur oder Leistungsbeurteilungen dürfen in ihrer Nützlichkeit hinterfragt werden.

Das Eisberg-Modell repräsentiert ein auf Misstrauen gründendes Menschenbild, das mit der alten Welt räsoniert. Auch unsere Managementmodelle dürften kritisch hinterfragt und nach und nach ersetzt werden. Wie wäre es mit dem »Eiffelturm = Paris?«-Modell?

Systemische Paradigmenwechsel können in zwei parallel laufenden Bögen (Two-Loops-Modell) dargestellt werden. Unter dem Dach eines bestehenden Systems bauen sich über Pioniere erste neue andere Ideen auf, die dann über Vernetzung immer neue Systeme entstehen lassen.

Das Selbstverständnis von Führungskräften unterliegt auch einem Wandel. Das *Alte Ich* dominiert zunächst, wird aber auf Dauer vom *Neuen Ich* abgelöst.

Sechste Strategie: Mensch statt Superhero

Wir Menschen sind Problemlöser. Für die Lösungen von heute brauchen wir starke, unabhängige Persönlichkeiten, die gleichzeitig gut kooperieren können. In diesen Resonanzräumen zwischen Anforderungen, dem kreativen Ringen um Lösungen und dem kooperativen Miteinander liegt die Kraft des *Menschseins.*

Im Nachhinein sagten alle, dass es eine wirklich schöne Zeit in ihrem Leben war. Auch auf den dokumentarischen Fotos sah man zwar verschwitzte, aber dennoch glückliche Gesichter. Als sie am Abend noch bei einem Getränk zusammensaßen, waren alle wirklich erschöpft und der ein oder andere Knochen schmerzte. Es hatte Kraft gekostet, aber die Arbeit hatte sich gelohnt. Mehrere Wochen hatten sie gebraucht, um das Gartenhaus, das von einem Brandstifter abgefackelt worden war, abzutragen und ein neues in Eigenarbeit wieder aufzubauen. Keiner von ihnen kannte sich mit Holz und Bauen aus, und so mussten sie sich mit Dingen beschäftigen, die so gar nicht zu ihrem Alltag gehörten. Es gab etliche Fehlversuche und auch einiges zu lachen zwischendurch. Am Ende stand dennoch eine schöne, neue, einladende Hütte, in der man gemütlich anstoßen konnte und sich fortan auch regelmäßig treffen wollte.

Welche Rolle soll Arbeit in unserem Leben spielen? Welche Bedeutung können Anstrengung und Mühe in unseren Prozessen haben? Was brauchen Menschen, um gut und nachhaltig arbeiten zu können? Wann sind wir leistungsfähig und zufrieden? Das sind große Fragen, die am Anfang dieses Kapitels stehen, das sich mit dem *Menschsein bei der Arbeit* beschäftigt. Ich möchte einige Beobachtungen aus meiner jahrzehntelangen Arbeit mit Menschen in Leistungskontexten mit Ihnen teilen und Ihnen damit einige Impulse geben, wie es uns gelingen kann, mehr Menschlichkeit in unsere Leistungskontexte zu bringen und wie jeder bei sich anfangen kann und warum dies heute ratsam ist.

Vor mehr als zwanzig Jahren habe ich im Rahmen meiner Arbeit zahlreiche Geschichten gehört, die davon zeugten, dass wahre Leistung dann erlebt wurde, wenn »Grenzen so richtig deutlich überschritten« worden waren. Das konnten physische, mentale oder emotionale Grenzen sein, die eigenen oder die Grenzen anderer Menschen. Jede Erzählung von Hochleistung hatte den Beigeschmack der Überwindung von deutlichen Grenzen, die Verwirklichung des Slogans: *If you can dream it, you can do it.* Wenn es in deinem Kopf möglich ist, dann ist es auch in der Realität möglich. »Streng dich an. Streng dich mehr an«, schwang immer mit. Ich erinnere mich an viele Geschichten, die mir mit leuchtenden Augen erzählt wurden, in denen es darum ging, dass Menschen besonders stolz darauf waren, unter schlechten Bedingungen Höchstleistungen von sich selbst gefordert zu haben. »Ich habe wochenlang nicht mehr als 3–4 Stunden geschlafen, kaum etwas oder nur Pizza gegessen, wir haben viel Alkohol getrunken und geraucht und wir haben es trotzdem gerockt! Auf Gongschlag waren wir fit, haben den Pitch gewonnen und einen Riesenumsatz gemacht.« Manchmal höre ich auch heute noch solche Geschichten, in denen sich Menschen damit brüsten, wie offensichtlich schlecht sie mit sich umgehen und sich trotzdem höchsten Anforderungen stellen. Auch aus dem Amateursport kenne ich Geschichten, wie man sich am Vorabend eines Turniers in fröhlicher Runde gerne mit viel Alkohol malträtiert und am nächsten Tag trotzdem erfolgreich auf dem Platz stehen will.

Das Märchen der eigenen Grenzenlosigkeit hören wir einfach gern.

Diese Geschichten haben mich früher beeindruckt. Sie klingen, als hätten wir einen übermenschlichen echten Superhelden mit Superkräften vor uns, der unabhängig von lästigen körperlichen oder sonstigen Grenzen auf höchstem Niveau agiert. Das Märchen, dass wir Menschen keine inhärenten Grenzen haben, hören wir einfach immer wieder gerne. Es fasziniert uns, weil es gerade für uns, die wir viel bewegen wollen, nach einer perfekten Lösung klingt: Ich kann alles, wenn ich es nur wirklich will. Ich muss auf nichts verzichten und bin unschlagbar leistungsfähig.

Der Karnevaleffekt

Inzwischen irritieren bis verstören mich solche Geschichten. Warum gehen wir Menschen so geringschätzig mit uns um? Was hindert uns daran, liebevoll und respektvoll mit uns selbst umzugehen? Wie gut ist unsere Verbindung mit uns selbst? Würden wir einen Welpen in einen Eimer mit klebriger Wandfarbe tauchen, um uns daran zu erfreuen, wie er danach tropfend über den Boden robbt? Bei diesem Welpenbild gehen wir hoffentlich in den Widerstand, aber mit uns selbst sind wir merkwürdig brutal. *Warum handeln wir Menschen ohne Not so gegen unsere eigene empfindsame Natur?* Die Dis-Connection der Superheldenwelt ist sicher eine Begründung, ich erkläre mir das zusätzlich mit dem Karnevaleffekt.

Tatsächlich nehme ich wahr, dass wir heute zwei Gruppen von Menschen unterscheiden können: die einen, die für sich eine gute Selbstfürsorge als normal ansehen und für sich gute Wege etabliert haben, und die anderen, die das Heldenepos der »Unkaputtbarkeit« leben. Dabei scheint sich jede der beiden Gruppen in ihren Umgangsformen so fremd zu sein, dass sie zur Abwertung neigt, wie das gerne im Karneval geschieht. Hier betrachtet die Gruppe der Nichtkarnevalisten die Jecken nicht einfach neutral. Man ärgert sich, verdreht die Augen, findet abfällige Worte über Menschen, die eigentlich nur Spaß haben. Umgekehrt sind in den Augen der feiernden Karnevalisten alle Nichtkarnevalisten Langweiler, die noch nicht begriffen haben, wie es richtig geht. Selbst ich als Rheinländerin kenne beide Seiten. Ich vermute den Grund darin, dass das jeweilige Lebensgefühl so viel Selbstbestätigung beinhaltet, dass die Gefahr der *Selbstherrlichkeit* besteht. Wenn Selbstfürsorge aus einer Superhelden-Haltung heraus praktiziert wird, wird sie ideologisch. Denn aus dieser Haltung heraus wird Selbstfürsorge nicht zu einer individuellen und freien Strategie für mehr Gesundheit und Vitalität, sondern zu einem weiteren Zwang zur Anpassung an fremdbestimmte Normen eines vermeintlich richtigen Lebens. Bleiben wir also wachsam. Wenn wir dazu neigen, unsere eigene Lebensgestal-

Achtung: Selbstherrlichkeit kann uns zum Missionieren führen. Besser, wir konzentrieren uns auf unseren eigenen Weg.

tung über die anderer zu stellen, befinden wir uns im Superhelden-Modus. Wir denken dann in den Kategorien *Ich = richtig, du = falsch.* Hüten wir uns vor allzu heilbringenden Botschaften, die missionarisch daherkommen und »die einzige Wahrheit« über ein gutes Leben vermitteln.

Wir erinnern uns: In der Welt des Superhelden gibt es keine Grautöne, keine Abstufungen und Differenzierungen. Und deshalb eignet sich der Karneval so gut. Im Karneval können wir nicht »ein bisschen mitfeiern«, sondern werden in die Bewegung hineingezogen und sind voll dabei. Beim Thema Selbstfürsorge erlebe ich das ähnlich: Wer wirklich anfängt, sich selbst wahrzunehmen und ernst zu nehmen, kann auch nicht mehr zurück in die Welt der Verdrängung oder der falschen Heldengeschichten. Dennoch: Machen wir nicht den Fehler, andere missionieren zu wollen. Wir können nur unseren eigenen Weg gehen.

Zurück zum Thema Hochleistung und Selfcare. Seit einigen Jahren sind die Geschichten vielfältiger geworden. Die alten »High-Performance Veteran Stories« gibt es immer noch, aber andere Erzählungen sind hinzugekommen. Ein junger Manager erzählte mir, dass er nach knapp zwei Jahren im Job dringend Abstand brauche. Er sei mit seinen Nerven am Ende, obwohl er in einem moderaten Unternehmen mit Flex-Work und Home-Office-Möglichkeit arbeite. Arbeit und Verantwortung seien für ihn zu anstrengend. Er könne vom Geld seiner Eltern leben und, falls er möchte, später mal als Surflehrer dazuverdienen. Dieser Mensch stößt schon nach kurzer Zeit als Führungskraft an seine Grenzen und sieht für sich die Lösung im Ausstieg ins Privatleben.

Die Wahl zwischen Selbstausbeutung und Freizeitoptimierung

Sowohl ein Arbeitsstil, der ohne Rücksicht auf Verluste auf Hochleistung setzt, als auch die Flucht aus dem Arbeitskontext ins Privatleben entspringen einem dramatischen Selbst. Während die eine Seite vom falschen Traum der Grenzenlosigkeit durchdrungen ist, entzieht sich die andere Seite dem Arbeitsleben und damit ihren eigenen Wirkungspotenzialen. Beides erscheint mir aus vielerlei Gründen weder sinnvoll noch nachhaltig. Wie können wir also für uns einen Arbeitsstil finden, der uns weder unterfordert noch überfordert? Wir werden die Lösung nicht im Außen finden, sondern müssen zuerst eine Antwort in uns selbst finden. Wir müssen unseren eigenen Kompass ausrichten, um herauszufinden, was Leistung und Leben für uns bedeuten können. Erst dann können wir uns selbst orientieren, mit uns selbst neue Wege gehen und auch produktiv über Systemveränderungen nachdenken.

Fragen zur Selbstreflexion

- Was bedeutet Erfolg für mich? Was bedeutet Leistung für mich?
- Wie viel Prozent meines Produktivitäts- und Leistungspotenzials nutze ich derzeit?
- Wie hoch ist mein Energieniveau, während ich arbeite?
- Wie motiviert bin ich, die anstehenden Aufgaben und Probleme im Arbeitskontext zu lösen?
- Wie klar empfinde ich den Sinn und Zweck meiner Arbeit?
- Wie gut gelingt mir meine mentale Selbstregulation?
- Wie gut gelingt mir der Wechsel von Anspannung und Entspannung im Arbeitsalltag?
- Wie sehr fühle ich mich im Arbeitskontext sozial integriert? Gibt es mindestens eine Vertrauensperson?
- Neige ich zu Überforderung? Setze ich mich unter ungesunden Druck? Neige ich zum Overthinking?
- Neige ich zu Unterforderung? Neige ich dazu, Herausforderungen auszuweichen? Neige ich dazu, mich ins Private zurückzuziehen?
- Wie oft überkommen mich Gedanken daran, am liebsten nicht mehr zu arbeiten? Mich nur noch Familienangelegenheiten zu widmen oder Ähnlichem?

Qualitätsmanager in eigener Sache

Ich möchte an dieser Stelle daran erinnern, dass nur wir selbst für uns eine Einstufung vornehmen können und sollen, denn ausschließlich wir selbst sind die *Experten für unser Leben*. Selbst unser engstes Umfeld gibt uns keine objektiven Rückmeldungen. Wenn wir zum Beispiel von weniger leistungsorientierten Menschen umgeben sind, werden wir kritische Rückmeldungen erhalten, wenn wir eine hohe Leistungsbereitschaft haben (»Arbeite nicht so viel, sonst kriegst du einen Burnout!«). In einem konventionell leistungsorientierten Umfeld werden wir kritische Rückmeldungen erhalten, wenn wir überlegen, ob wir um der Lebensqualität willen auf Status oder Positionen verzichten wollen. Wir tun also wie immer gut daran, unseren *eigenen Maßstab* zu setzen. Dabei können wir ausschließlich für uns selbst ehrliche Antworten finden. Alternativ kann ein Coaching uns unterstützen, unsere eigenen Gedanken und Gefühle zu sortieren, unseren eigenen Kompass zu definieren. Der Coach nimmt uns das nicht ab, er ist lediglich ein intelligentes, wachsames und empathisches Gegenüber, ein temporäres, wohlwollendes Zweithirn. Die Verantwortung bleibt bei uns selbst. Genau das ist der Ausdruck unserer individuellen Unabhängigkeit – der freie, eigenverantwortliche Mensch. Diese zunehmende Eigenverantwortung ist auch die Kraftquelle für unseren Alltag. Wenn wir klar ausgerichtet sind, sind wir unbeirrbar, souverän und belastbar und wissen dann auch, wann wir pausieren wollen und müssen.

Jeder Mensch ist Experte seines Lebens!

Welches Fazit ziehen Sie aus den vorausgegangenen Reflexionsfragen? Sind Sie zufrieden mit dem Status quo? Wunderbar! Weiter so! Haben Sie das Gefühl, dass eine Neuorientierung notwendig ist? Dann freue ich mich, dass Sie den Mut haben, so ehrlich in den Spiegel zu schauen. Der eigene, klar empfundene Wunsch und der unbeirrbare Wille zur Veränderung sind die wichtigsten Zutaten für ein neues Leben.

Eine Grundhaltung der Menschlichkeit und Lernfähigkeit

Neben der individuellen Frage, wie wir dauerhaft leistungsfähig und gesund bleiben können, bedeutet der wirtschaftliche Wandel darüber hinaus eine Neuorientierung von Werten und Einstellungen. Wie im vorigen Kapitel beschrieben, lösen sich viele alte Arbeitsweisen auf und neue entstehen. War es in der alten Welt sogar von Nachteil, sich kommunikativ und emotional auf Menschen einzulassen, so kommen wir heute nicht mehr umhin, Produktivität durch menschliche (internationale, inklusive und generationenübergreifende) Kooperation zu erreichen. Die *Grundhaltung der Menschlichkeit* in der Arbeitswelt ist eine Voraussetzung, um die vor uns liegenden komplexen Probleme zu lösen. Wie können Menschlichkeit und Leistung gut in Einklang gebracht werden? Bei der Beantwortung dieser Frage können wir nur dann stimmige Lösungen finden, wenn wir uns selbst als Menschen im Spiegel betrachten. Wen sehen wir im Spiegel – unabhängig von Alter, Geschlecht, Hautfarbe? Wir sehen ein Geschöpf, das zunächst einmal in sich einzigartig ist. Jeder Mensch ist Leben, jeder Mensch ist somit Natur, und jeder Mensch ist auch Kultur. Er wird in eine Kultur hineingeboren, verkörpert und gestaltet sie. Wir sind also natürliche Lebewesen und Kulturwesen zugleich. Daher ist jeder Mensch ein einzigartiges Universum mit unendlich vielen Facetten. Jeder Mensch ist eine Metropole. Jeden Menschen empfinde ich als ein einzigartiges, vielschichtiges Wunderwesen.

Der Mensch ist in permanenter Bewegung und Anpassung

Unsere sowohl natürliche als auch gleichzeitig kulturelle *Bauart* Mensch oder auch Kreatürlichkeit kann uns helfen, die Frage zu beantworten, wie wir Leistungsfähigkeit und Menschlichkeit in einen sinnvollen Rahmen bringen können. Diese beiden Quellen unseres menschlichen Seins bieten nämlich alles, was es für die heutigen Herausforderungen braucht. Vieles wurde in früheren Managementtrainings kolportiert: dass wir Menschen von Haus aus Energiesparer sind, dass wir zur Trägheit neigen und Risiken eher scheuen. Gerne möchte ich andere Aspekte betonen, die genauso zutreffen: Allein auf körperlicher Ebene sind wir niemals in einem Ruhezustand. In jedem von uns tobt das Leben, und zwar in komplexen, verzahnten und intelligenten Systemkreisläufen. 24/7 arbeitet unser Körper für uns und unser Wohlergehen. Täglich erneuern sich 50 bis 70 Milliarden (!) unserer Zellen. Die Anzahl an Darmbakterien wird auf rund 100 Billionen geschätzt und es gibt mehr als 500 Bakterienarten, die rund um die Uhr dafür sorgen, dass unsere Nahrung in die Bestandteile zerlegt wird, die wir zum Leben brauchen.[45] Wir tragen perfekte Verwertungskreisläufe in uns, die in höchster Komplexität miteinander vernetzt sind und in der Regel unser ganzheitliches Wohlbefinden bewirken. Ein gesunder Mensch ist ein Mensch, in dem alle für unser Wohlbefinden vorgesehenen Regulationsmechanismen ablaufen können – und das ohne unser bewusstes Zutun. Unser Körper ist unser bester Freund, wie meine Kollegin Dr. med. Frauke Bataille sagt. Unser Körper nutzt großartige Mechanismen, um mit allen internen Anforderungen und externen Stimuli umzugehen. Herausragendes, agiles Management komplexer systemischer und responsiver Prozesse. Diese in der Tiefe zu beschreiben, würde den Rahmen des Buches sprengen. Herausgreifen möchte ich lediglich zwei Prinzipien, die uns Mut machen dürfen.

Unsere Natur – Selbsterhaltung und kluge Anpassung

Ein Prinzip unserer körperlichen Intelligenz nennt sich *Homöostase* und beschreibt die Aufrechterhaltung weitgehend konstanter Verhältnisse in einem offenen System – oder anders ausgedrückt die Tendenz eines Systems, sich selbst wieder ins Lot zu bringen. Homöostase erzeugt ein dynamisches Gleichgewicht und ist damit ein essenzielles Prinzip für die Selbsterhaltung. Ein bekanntes Beispiel: Wenn unser Blutdruck zu stark sinkt oder steigt, werden im Körper entsprechende gegenregulatorische Maßnahmen ergriffen. Die Systemik benennt es so: Systeme neigen dazu, sich selbst zu regulieren und somit zu erhalten. Aber das ist noch nicht alles.

Der Körper ist unser bester Freund!

Ein weiterer Mechanismus ist die *Allostase*. Das Konzept der Allostase wurde 1988 von Peter Sterling und Joseph Eyer als Ergänzung des

Konzepts der Homöstase benannt und wird heute im Forschungsgebiet der Kybernetik weiter erforscht. Ein Beispiel für Allostase ist die Veränderung bei Obstbäumen. Bei mehrjähriger Beobachtung von Obstbäumen fiel auf, dass an der Seite des Baumes, an dem auffallend viele Früchte wuchsen, der Baum an dieser Seite im kommenden Jahr stabilere Astgabeln entwickelte. Er wuchs also gezielt an den Stellen, wo die Anforderungen etwas einforderten – *stability through change.* Allostase ist die Fähigkeit unseres Körpers, sich aktiv an Veränderungen und Stressoren anzupassen, um neuen Anforderungen standzuhalten.

Das Allostase-Prinzip schenkt uns also die Idee, dass Natur so intelligent ist, dass sie auf fordernde Reize passende und kluge Antworten finden kann. Bezogen auf unsere körperliche Gesundheit gibt es an dieser Stelle auch ein paar gute Botschaften. Unser Körper ist so intelligent organisiert, dass das meiste ohne unser bewusstes Zutun abläuft. Wir sollten ihn lediglich in seiner Selbsterhaltung unterstützen oder vor allem nicht gezielt daran hindern. Es geht also gar nicht darum, sich zu quälen oder verkrampft Sport zu machen oder nur Gesundes zu essen. Wir sollten unserem Körper und unserer Seele die Elemente schenken, die sie brauchen, damit sie für uns 24/7 einen guten Job machen können, denn dann können wir auch einen guten Job machen. Wir müssen uns auch *nicht übermäßig um uns selbst kümmern*, wir sind in der Regel von Natur aus belastbar, sowohl unser Körper als auch unsere Seele. Wir brauchen also nicht in eine Überfürsorglichkeit zu verfallen, die man auch als Self-Pampering bezeichnen kann. Self-Pampering würde entstehen, wenn wir uns selbst gegenüber ins Drama Self verfallen und meinen, uns selbst vor allem schützen zu müssen. Das ist also keine förderliche Haltung.

Wir dürfen Lebensstile entwickeln, die unserem Körper und unserer Seele guttun, die unsere Lebendigkeit unterstützen und unsere Selbstregulation nicht stören. Es muss nicht zu einer Inszenierung werden, bei der wir uns den ganzen Tag nur um die eigene Gesundheit kümmern. Wenn die Basics beachtet werden, wird es vielen Menschen gut gehen, sofern keine individuellen einschneidenden Vorerkrankungen vorliegen.

Selfcare!
Nicht Self-Pampering!

Gehen Sie sensibel mit sich um, differenziert und achtsam. Ihr Weg ist individuell. Finden Sie heraus, was zu Ihnen passt.

Wir Menschen sind also ein Wunderwerk komplexer Selbstregulation, Impulsverarbeitung, Anpassungsfähigkeit, Abbau von Altem und Aufbau von Neuem. All das sind wir, weil wir *lebende Natur* sind, keine Maschinen. Auch wenn wir äußerlich betrachtet ruhen oder schlafen, arbeiten in uns alle Hormon-, Immun- und Stoffwechselkreisläufe weiter und regulieren uns. Energiesparer? Nun, systemisches Wunderkraftwerk würde besser passen. Und dabei habe ich die Welt unserer Wahrnehmungen, Sinneseindrücke und Emotionen noch gar nicht berücksichtigt. Unsere menschliche Natur ist also zutiefst lebendig und interaktiv, wir sind nicht statisch, sondern in ständiger Veränderung begriffen. Wir stehen jeden Morgen anders auf, als wir abends zu Bett gegangen sind, weil wir auf vielen Ebenen Altes abgelegt und Neues aufgebaut haben.

Unsere Fähigkeit, Neues zu lernen und manchmal umzulernen, macht uns auch zum Kulturwesen. Wir sind von Geburt an Lernende. Am Anfang unseres Lebens lernen wir, zu laufen und zu sprechen. Trotz vieler Fehlversuche halten wir durch, bleiben dran, und irgendwann können wir es. Unsere Sprache ist Teil unserer menschlichen Kultur, die wir meistens von unseren Eltern lernen. Wie man sich als Mensch verhält, was man wann isst, wie man soziale Beziehungen pflegt, wie man mit Konflikten umgeht, all das ist ebenfalls menschliche Kultur, und auch das lernen wir in der Regel zuerst im Elternhaus. Von Kindheit an suchen wir darüber hinaus auch andere Quellen der Inspiration bei Freunden und bewussten oder unbewussten Mentoren. Neben der Prägung von außen haben wir schon früh den Wunsch, uns durchsetzen zu lernen: dem Leben unseren eigenen Stempel aufzudrücken. Wir Menschen wollen gestalten, wollen wirksam sein. Wenn wir in gutem Kontakt mit uns selbst sind, lieben wir es, das Leben auszuprobieren, zu spielen, zu experimentieren, Grenzen auszutesten, Gemeinschaft zu erleben und auch Grenzen aufgezeigt zu bekommen.

Diese beiden Grundkomponenten unseres Menschseins, die *Natur der intelligenten Lebenserhaltung und die des ständigen Lernens,* werden bei Weitem nicht so populär diskutiert wie die schwierigen Seiten unseres Menschseins. Es ist an der Zeit, das defizitäre Denken über uns hinter uns zu lassen und uns mehr auf das zu konzentrieren, was wir vermögen, als auf das, was wir nicht vermögen. Es ist an der Zeit, auch unseren Blick auf uns selbst und auf andere zu überdenken – weg von der abfälligen, defizitären Etikettierung von uns selbst und anderen hin zur Wahrnehmung eines lernfähigen Lebewesens, das sich stetig bemüht, Lösungen zu finden und Belastungen auszugleichen. Wenn wir uns selbst so betrachten, können wir mit einer zuversichtlichen Haltung durch eine VUKA World gehen, denn wir werden mit allem umgehen können, egal, was noch passieren wird. »Grundhaltung Menschlichkeit« bedeutet die Grundhaltung des Zutrauens in unsere Spezies und somit in uns selbst. Es ist eine Grundhaltung, die einem durchaus abhandenkommen kann, wenn wir uns nicht aktiv um sie bemühen. In Führung bleiben bedeutet hier, im Zutrauen in uns und andere stabil zu bleiben oder uns zumindest immer wieder für dieses Zutrauen zu entscheiden.

Menschlichkeit in der Arbeitswelt

Wie zu Beginn des Buchs ausgeführt, haben uns unsere alten Arbeitsweisen viel zu lange zur Unkreativität verdammt. Erfolgreiches Management und die entsprechende Gestaltung unserer Prozesse versuchten erfolgreich, die lebendige Energie unserer Menschlichkeit aus dem Spiel zu nehmen. Wie können wir also unsere natürliche Schaffens- und Entdeckerkraft wiederbeleben? Das ist nicht nur eine individuelle, sondern auch eine organisatorische und kulturelle Frage, über die sich mittlerweile einige Menschen, wie zum Beispiel Swantje Allmers und Michael Trautmann, Gedanken machen, etwa im Rahmen von New Work.[46] Auch Bücher wie *Re-Inventing Organisations*[47] oder *Workshift*[48] geben uns wichtige Impulse, wie die Arbeit in Zukunft aussehen kann, und es wird sicherlich zu dieser Thematik in den nächsten Jahrzehnten noch viel Neues entstehen. Ich bin der festen Überzeugung, dass ein wichtiger Bestandteil in der Transformation sein wird, offen, neugierig und experimentierfreudig zu bleiben oder zu werden. Nur so können nachhaltig taugliche Arbeitsformen entstehen, die Menschlichkeit und Wertschöpfung in Einklang bringen. Schauen wir in diesem Buch auf unseren individuellen Spielraum, unsere eigene Lebendigkeit mit unserer Leistungs- und Regenerationsfähigkeit in Einklang zu bringen.

Wie können wir im Arbeitskontext das vitalisierende Grundrauschen unseres Menschseins wiederentdecken?

Aus meiner Coachingpraxis

Manuel saß eingesunken vor mir. »Ich kann mir selbst nicht mehr in die Augen schauen. Was ich meinen Leuten zumuten muss, ist einfach schrecklich. Wir haben eine solch hohe Taktung bei gleichzeitig immer weniger Leuten. Mein Chef sagt, ich solle einfach den Druck nach unten weitergeben. Ich kann das aber nicht. Mein Führungsverständnis ist ein anderes. Ich kann das nicht mehr mit meinem Gewissen vereinbaren. Aber ich kann die Arbeit auch selbst nicht mehr bewältigen. Ich habe Schlafprobleme. Helfen Sie mir bitte. Ich muss härter werden, hat mein Chef gesagt.« Manuel gehört zu den zahlreichen Führungskräften, die strukturelle und kulturelle Schwächen auf individueller Ebene ausbügeln sollen. So werden die Gern- und Vielleister in tiefe Ambivalenzen genötigt, die oft zu schwerwiegenden Problemen, manchmal sogar Krankheiten führen. »Wenn ich das hier nicht schaffe, bin ich nicht belastbar genug, hat man mir gesagt! Ich selbst denke auch manchmal von mir, ich sei zu weich für den Job.« Mit Manuel erarbeitete ich seinen Führungskompass. Er war eine jener Führungskräfte, die für die neue Arbeitswelt geeignet waren, mit dem Wunsch nach Kommunikation mit seinen Mitarbeitenden, nach Austausch und gegenseitiger Wertschätzung. Im Bewerbungsgespräch hatte man diese Eigenschaften auch an ihm geschätzt. In der operativen Realität jedoch stellte sich die gelebte Kultur des Unternehmens anders dar. Er war sehr schnell mit seinen Werten auf Grund gestoßen und seine Motivation zum Erliegen gekommen. Wenn er über seine Mitarbeitenden sprach, wirkte er auf mich wie ein Vater, der gezwungen war, seine Töchter zur Prostitution zu zwingen, um die Familie vor dem Untergang zu retten. Manuel plagten große Wertekonflikte. Wir führten eine intensive Reflexion seiner Antreiber, seiner Bedürfnisse und seiner Ziele durch und wir reflektierten das ihn umgebende System. Im Lauf dieses Prozesses führte er etliche Gespräche innerhalb seines Systems, um etwas zu verändern, die Kultur in eine andere Richtung zu prägen, leider vergeblich. Schweren Herzens verließ Manuel das Unternehmen, bei dem er mit viel Herzblut gestartet war. Von dem Zeitpunkt an schlief Manuel wieder durch. Für seine nächste Stelle nahm er sich die Zeit, die gelebte Kultur im Unternehmen wirklich kennenzulernen, indem er bewusst Gespräche mit Mitarbeitenden führte. Er wusste, wie wichtig es für ihn war, im Einklang mit seinen Core Values zu führen.

Wenn wir über längere Zeit im Widerspruch zu unseren Grundwerten arbeiten, gefährden wir unsere Gesundheit. Meiner Beobachtung nach ist die Bedeutung dieses Themas weitgehend unterschätzt. Es sind meist nicht die vielen Arbeitsstunden, die uns in eine Überforderung bis hin ins Burnout führen, es ist meist der nicht mehr zu kompensierende Stress, wenn man im Inneren eigentlich ein Nein fühlt, aber im Außen funktioniert und Ja sagt. Diese innere Spannung führt mittelfristig zu enormem Stress. Warum bleiben trotzdem viele Menschen in Situationen, in denen sie oft gegen ihr Inneres verstoßen? Die Frage kennt viele und komplexe Antworten. Eines ist sicher: Ein Grund ist darin zu finden, dass Führungskräfte einen Anspruch verinnerlicht haben, der da lautet, dass »das Leben eben kein Ponyhof« sei und dass man seine eigene Stärke und sein Selbstbewusstsein daran misst, wie viele Schwierigkeiten man aushält und trotzdem seinen Mann und seine Frau steht. »Sei stark« nennt sich ein sogenannter Antreiber in der Psychologie und dieser Satz wirkt im Inneren wie ein Befehl, den ich zu erfüllen habe, solange ich noch nicht tot bin. Ich halte durch, setze mich ein, gehe über meine Grenzen. »Sei stark« kommt natürlich aus der Superhelden-Haltung, die sich ja bekanntlich gerne verselbstständigt.

Wie ist Ihr Anspruch an sich selbst im Arbeitskontext? Erdulden Sie auch alles, was gegen Ihr Innerstes verstößt? Oder glauben Sie daran, dass auch Sie ein Recht auf menschliche Integrität haben und ein Arbeitssetting, das Ihre Grundwerte nicht jeden Tag torpediert? Darf es ein Arbeitsleben für Sie geben, in dem Sie Ihre Grundwerte als Basis mit anderen Menschen teilen?

Selbstreflexion

Machen Sie sich über ein paar Wochen hinweg schriftlich Stichpunkte zu Ihrem Befinden in Alltagssituationen. Wenn Sie dann einen Fundus haben, empfiehlt sich eine Reflexion dieser Wahrnehmungen. Ordnen Sie Ihre Eindrücke einer der beiden in Tabelle 4 dargestellten Welten zu.

Tab. 4: Gegenüberstellung: Mindset Superhero – Mindset Mensch

Ich bin tüchtig und zuverlässig wie eine Maschine.	Ich bin ein Mensch.
Ich habe reibungslos zu funktionieren.	Ich baue stabile Verbindungen zu meinem Mitarbeitenden auf und dann sind wir sehr produktiv.
Ich bringe andere zum Funktionieren.	Ich inspiriere mich und andere zu Höchstleistungen.
Wer Grenzen setzt, ist ein Schwächling.	Lernen, Flexibilität, Kreativität sind die wichtigen Faktoren in unseren Meetings.

Wie schon beim Thema Selbsttreue kann es auch bei Ihren Reflexionen kein Richtig oder Falsch geben. Meine Empfehlung ist: Nehmen Sie Ihre Empfindungen wahr und ernst. Gehen Sie in eine Reflexion, die über die Alltagserledigung hinausgeht. Schalten Sie Ihre Sinne ein, denn nur über das Zulassen der eigenen Emotionen finden Sie Ihren inneren Kompass wieder. Entwickeln Sie ein funktionierendes Sensorship.

Mensch sein in der Führung

War es in der alten Welt nicht unbedingt förderlich, seine Sinne zu gebrauchen, so ist es in der neuen Arbeitswelt ein Muss. Wir brauchen ein Gespür für uns selbst und für andere, müssen vielschichtig wahrnehmen, um einen klaren Blick auf die Themen und auf die Menschen zu entwickeln. Wir müssen spüren, ob es in die richtige Richtung geht, oder erkennen, wo der Schuh drückt. Wir dürfen und sollten auf unsere Intuition vertrauen, um die richtigen Momente zu erwischen, damit Kommunikation mit Mitarbeitenden oder unserem Team funktioniert. Wenn wir also als Mensch unter Menschen arbeiten wollen, müssen wir diese sensorischen Fähigkeiten auch im Umgang mit uns selbst entwickeln oder wiederentdecken. Meiner Erfahrung nach geht das sehr schnell, weil es eigentlich unserer lebendigen Natur entspricht.

Anspruchsvoll wird es, wenn wir uns in Umgebungen mit zu hoher Reizintensität aufhalten, wie es bei den meisten anspruchsvollen Feldern der Fall ist. Haben wir unsere Antennen wieder auf Empfang gestellt, erreichen uns meist sehr viele Signale. Das ist grundsätzlich gut, denn wer viele Signale empfängt, kann schnell Muster erkennen und daraus Handlungen ableiten. Sehr gute Kommunikatoren wie auch erfolgreiche Unternehmer sind Meister im Erkennen von Signalen und in der richtigen Reaktion darauf. Einige meiner Kunden gerieten übergangsweise in eine Art Schockzustand, als sie anfingen hinzuspüren, wie es ihnen während der Arbeit wirklich geht. In diesem Punkt kann es dann manchmal vordergründig betrachtet leichter sein, nichts zu fühlen. Mittelfristig ist es absolut von Vorteil, wieder angedockt an die eigene Lebendigkeit zu arbeiten. Für alle meiner Klienten war das ein echter Shift, auf den sie niemals wieder verzichten wollen. Einige suchten aktiv nach neuen Rollen, andere füllten ihre alten Rollen mit mehr Leben. Sie fühlten sich definitiv alle besser, waren erfolgreicher und beliebter bei ihren Mitarbeitenden.

Vom funktionalen Selbst ins lebendige Selbst – eine Transformation

Die Raupe fragt den Schmetterling: »Wie kann ich so ein schöner Schmetterling werden wie du?«

Der Schmetterling antwortet: »Indem du dein Raupendasein loslässt und in dich schaust, was deine nächste Entwicklungsstufe ist. Richte dich dann auf diesen Punkt in der Zukunft aus. Dann wird es eine Zeit lang sehr anstrengend, weil die Raupe in dir nicht sterben will. Du wirst von Zweifeln geplagt, die niemand hören will. Dann vertraue. Auf dich und deine Flügel, die sich in dir vorbereiten. Kämpfe nicht gegen dein Leben, sondern lass das knisternde Nicht-mehr und Noch-nicht zu. Es wird der Tag kommen, an dem sich dein neues Leben und deine Flügel in die Lüfte ausbreiten.«

Seine menschlichen Sinne im Führungsalltag zu nutzen, bietet viele Vorteile. Gerade aufgrund des Sensorship ist es wichtig, entsprechende Selbstfürsorge zu betreiben. Wer viel im Austausch ist, braucht immer wieder »Sendepausen«. Ein ständiges »On« führt auch beim Extrovertiertesten mittelfristig zur Überforderung. Bleiben Sie also als Neuling der offenen Sinne sensibel für Ihre eigenen Ruhe- und Abschaltmomente. Starke äußere Reize erzeugen starke innere Reize. Und Reize spornen an, bringen Anregung, Wachstum und Lernen. Aber wir Menschen brauchen auch einen Gegenpol, um die Reize zu integrieren und eventuell auch dickere Astgabeln zu entwickeln, um dieses Bild nochmals aufzugreifen. Es gibt immer mehr prominente Beispiele für menschenorientierte interaktive Führung. Die ehemalige neuseeländische Premierministerin Jacinda Ardern führte ihr Land mit einer starken Präsenz, viel Menschlichkeit und einer medienwirksamen offenen Kommunikation. Sie war in Neuseeland außergewöhnlich populär, bis sie sich entschied, eine Auszeit zu nehmen. Jürgen Klopp sagte bei seinem Abschied vom FC Liverpool, er habe den Trainer verkörpert, den er selbst gerne gehabt hätte: stark in der Führung zum Erfolg, nahbar und interaktiv mit den Spielern. Als Dirigentin hat sich die Chefdirigentin und künstlerische Leiterin des Konzerthausorchesters Berlin Joana Mallwitz einen herausragenden Ruf als moderne Führungskraft im Bereich der klassischen Musik erworben: hoch im Qualitätsanspruch, mutig in der Modernisierung des Betriebs, in enger Zusammenarbeit mit den Menschen im Orchester. Wer sie als Zuschauer oder Zuschauerin erlebt, spürt sofort, dass sie bei sich selbst ist **und** gleichzeitig eine starke Verbindung zu den Musikerinnen und Musikern aufbaut. So kann es gehen: Stärke und Sensibilität als zwei Seiten einer währungsstarken neuen Medaille.

Die meisten dieser mutigen Führungskräfte, die mit einer gestärkten Grundhaltung für mehr Menschlichkeit im Business auftreten, sind nicht prominent. Etliche haben sich bereits vom funktionierenden Selbst in die Führungskraft Mensch transformiert. Wenn wir den Wert und den Ruf unserer eigenen Menschlichkeit spüren, dann leben wir proaktiv und mutig. Vielleicht suchen wir mögliche Gleichgesinnte in unseren Umfeldern. Wir sollten das Thema »Menschlichkeit in unserer Arbeitskultur« auf die Agenda setzen. Prüfen wir, ob wir in dem Biotop, in dem wir uns gerade befinden, am richtigen Platz sind. Mit der Zeit werden sich alle Unterneh-

Starke äußere Reize erzeugen starke innere Reize.

men, die zukunftsfähig bleiben wollen, verändern. Das ist sicher ein Ziel, das erst in einigen Jahren erreicht wird, aber jeder mutige Mensch zählt und diese mutigen Menschen dürfen sich gerne gegenseitig supporten, solange sie noch zu Loop 2 gehören, also nicht zum dominanten System.

Im Rahmen der Agenda der SDG-Bewegung (Sustainable Development Goals) gibt es seit 2019 die Initiative der Inner Development Goals.[49] Über Stiftungsgelder wurden internationale Expertinnen und Experten beauftragt, die inneren Dimensionen von nachhaltiger Führung zu definieren. In fünf Kategorien sind die Essenzen zusammengetragen, wie wir uns innerlich aufstellen können, wenn wir Healthy Leaders werden oder bleiben wollen:

1. Sein = die Beziehung zu sich selbst[50]

Die Pflege unseres inneren Lebens und die Entwicklung und Vertiefung unserer Beziehung zu unseren Gedanken, Gefühlen und unserem Körper helfen uns, präsent, absichtsvoll und nicht reaktiv zu sein, wenn wir mit Komplexität konfrontiert sind.

Ein innerer Kompass: Ein tief empfundenes Gefühl der Verantwortung und des Engagements für Werte und Ziele, die dem Wohl des Ganzen dienen.

Integrität und Authentizität: Die Verpflichtung und Fähigkeit, aufrichtig, ehrlich und integer zu handeln.

Offenheit und Lernbereitschaft: Eine Grundhaltung der Neugier und die Bereitschaft, verletzlich zu sein, sich auf Veränderungen einzulassen und zu wachsen.

Selbsterkenntnis: Fähigkeit, in reflektierendem Kontakt mit den eigenen Gedanken, Gefühlen und Wünschen zu sein; ein realistisches Selbstbild und Fähigkeit zur Selbstregulierung.

Gegenwärtigkeit: Die Fähigkeit, im Hier und Jetzt zu sein, ohne zu urteilen und in einem Zustand der offenen Präsenz.

2. Denken = kognitive Fähigkeiten

Kritisches Denken: Fähigkeit, die Gültigkeit von Ansichten, Beweisen und Plänen kritisch zu überprüfen.

Bewusstsein für Komplexität: Verständnis für den und Fähigkeiten im Umgang mit komplexen und systemischen Bedingungen und Kausalzusammenhängen.

Perspektivische Fähigkeiten: Fähigkeit zur Suche, zum Verständnis und zur aktiven Nutzung von Erkenntnissen aus unterschiedlichen Perspektiven.

Sinnstiftung: Fähigkeit, Muster zu erkennen, Unbekanntes zu strukturieren und Geschichten bewusst zu gestalten.

Langfristige Orientierung und Visionen: Langfristige Orientierung und die Fähigkeit, Visionen in Bezug auf den größeren Kontext zu formulieren und aufrechtzuerhalten.

3. Beziehung = Fürsorge für andere und die Welt

Wertschätzung: Mit einem grundlegenden Gefühl der Wertschätzung, Dankbarkeit und Freude auf andere und die Welt zugehen.

Einfühlungsvermögen und Mitgefühl: Die Fähigkeit, anderen, sich selbst und der Natur mit Freundlichkeit, Einfühlungsvermögen und Mitgefühl zu begegnen und das damit verbundene Leiden zu bewältigen.

4. Zusammenarbeit = soziale Kompetenzen

Kommunikative Fähigkeiten: Fähigkeit, anderen wirklich zuzuhören, einen echten Dialog zu fördern, die eigene Meinung gekonnt zu vertreten, Konflikte konstruktiv zu lösen und die Kommunikation an unterschiedliche Gruppen anzupassen.

Integrative Denkweise und interkulturelle Kompetenz: Bereitschaft und Kompetenz, Vielfalt anzunehmen und Menschen und Kollektive mit unterschiedlichen Ansichten und Hintergründen einzubeziehen.

Vertrauen: Fähigkeit, Vertrauen zu zeigen und vertrauensvolle Beziehungen aufzubauen und zu pflegen.

Fähigkeiten zur Mobilisierung: Fähigkeit, andere zu inspirieren und zu mobilisieren, sich für gemeinsame Ziele einzusetzen.

5. Handeln = um Wandel zu ermöglichen

Eigenschaften wie Mut und Optimismus helfen uns, echte Handlungsfähigkeit zu erlangen, alte Muster zu durchbrechen, originelle Ideen zu entwickeln und in unsicheren Zeiten mit Ausdauer zu handeln.

Mut: Die Fähigkeit, für Werte einzutreten, Entscheidungen zu treffen, entschlossen zu handeln und, wenn nötig, bestehende Strukturen und Ansichten in Frage zu stellen und aufzubrechen und Ansichten in Frage zu stellen.

Kreativität: Fähigkeit, originelle Ideen zu entwickeln, innovativ zu sein und bereit, konventionelle Muster zu durchbrechen.

Optimismus: Fähigkeit, ein Gefühl der Hoffnung, eine positive Einstellung und Zuversicht im Hinblick auf die Möglichkeit eines sinnhaften Wandels.

Beharrlichkeit: Fähigkeit, das Engagement aufrechtzuerhalten und entschlossen und geduldig zu bleiben, auch wenn die Bemühungen lange Zeit brauchen, um Früchte zu tragen.

Als Manuel von den Inner Development Goals erfuhr und dass sich immer mehr Unternehmen weltweit daran ausrichten, ging ihm das Herz auf. Und Manuel ist nicht allein mit seiner Sehnsucht nach anderen Arbeitsweisen und einem anderen Selbst- und Führungsverständnis. Viel Neues ist im Entstehen und typisch für Übergänge von Widersprüchen durchzogen (Loop 1 und Loop 2 sind gleichzeitig vorhanden). Es ist eine große Bewegung im Gang, auch und vor allem eine Such- und Ausprobierbewegung. Viele spüren, dass sich alte Formen überlebt haben, aber Neues, in das man einfach so überspringt, gibt es aktuell selten, da wir erst am Anfang des großen Shifts stehen. Man darf also auf Entdeckungsreise gehen und seine individuellen Nischen finden. Nischen gibt es genug. Möglicherweise braucht es ein Out-of-the-box-Denken, Flexibilität, individuelles Engagement und eine mutige Grundhaltung. Viele Firmen sind schon deutlich anders aufgestellt als im alten Spiel. Mitgestalten kann auch schön sein, wenn die Basis stimmt.

Manche meiner Klientinnen und Klienten fanden ihr Glück in der eigenverantwortlichen Selbstständigkeit oder im Unternehmertum. Aber auch hier wird man mit der Frage konfrontiert, mit welchem Selbstverständnis man in seinem Team oder auch mit Kunden oder Kooperationspartnern agiert. Die Klärung eigener Werte macht also auf jeden Fall Sinn, wenn man integer arbeiten und leben will.

Meist geht es bei meinen Klienten darum, das alte «Höher, schneller, weiter» (quantitatives Wachstum) durch ein «Tiefer, besser, erfüllter» (qualitatives Wachstum) zu ersetzen. Persönliche und professionelle Meisterschaft (Mastery) inspiriert und beflügelt auch andere. Die vielen Führungskräfte, die ich dabei begleiten durfte, das alte Selbstbild des Funktionieren-Müssens zu verlassen und sich mit der eigenen Lebendigkeit zu verbinden, wollen nicht mehr zurück. Im Gegenteil, sie fragen sich oft entsetzt, wie und warum sie so lange im »Käfig der Untoten« gearbeitet haben. Hören Sie auf Ihre Intuition, was für Sie wann der richtige Weg ist.

Für Fortgeschrittene: Mensch bleiben in akuten Problemlagen

In meinen Seminaren für Führungskräfte, in denen es um die Stärkung der eigenen Rolle geht, initiiere ich eine Reflexionsrunde, in der sich die Teilnehmenden an eine herausfordernde Zeit in ihrem Leben erinnern sollen, sei es beruflich oder privat. Im nächsten Schritt sollen sie sich an eine Person erinnern, von der sie sich in dieser Zeit unterstützt gefühlt haben. Anschließend sollen sie beschreiben, was diese Person im Kontakt mit ihnen getan oder auch nicht getan hat. Die Antworten sind immer gleich und lassen sich in wenigen Worten zusammenfassen. Die Menschen, an die wir uns gerne erinnern, haben uns das Gefühl gegeben, dass wir mit unserem Problem wahrgenommen und ernst genommen werden. Es bestand ein echtes Interesse am Zuhören und Verstehen. Wichtig ist auch, dass das Vertrauen ausgesprochen wurde, dass es eine Lösung geben wird. Billige Kalendersprüche und Beschwichtigungen wurden vermieden. Darüber hinaus wird immer wieder eine herzliche, offene und vertrauensvolle Atmosphäre beschrieben, in der auch mal klare, aber immer wertschätzende Worte gesprochen wurden. Manchmal wird auch ein guter Humor beschrieben, der Leichtigkeit in die Schwere gebracht habe. Über alle Kulturen hinweg scheint es, dass Menschen sich wirklich unterstützt fühlen, wenn ihnen diese menschliche Nähe angeboten wird. Echtes Interesse, Zuhören, Verstehenwollen, echtes Mitgefühl und Vertrauen.

Diese Grundidee läßt sich auf Führungsgespräche übertragen. Prof. Richard Boyatzis nennt seinen Ansatz *Resonant Leadership* und hat die positive energetische Wirkung dieser Begegnungen unter sich menschlich begegnenden Erwachsenen erforscht. Auf diese vertrauensvolle Weise mit Menschen zu sprechen, energetisiert beide Parteien merklich. Führen wir also oft gute menschliche Gespräche mit unseren Mitarbeitenden, dann stärken wir unser Gegenüber und uns selbst. Aus dem lästigen Mitarbeitergespräch wird so ein »Hui, wann können wir endlich wieder sprechen?«

Natürlich ist es auch bei diesen Gesprächen wichtig zu betonen, dass wir selbst in der richtigen Haltung sind. Mentale Selbstregulation setzen wir also als Fähigkeit voraus. Sonst können wir uns für die Anliegen anderer Menschen nicht öffnen und dann fehlt die Basis für ein offenes und fruchtbares Gespräch. Eine realistische Einschätzung des eigenen Zustands ist sehr wichtig. Ein Gespräch in einem gestressten Drama-Zustand zu führen, kann mehr schaden als nützen. Im nächsten Kapitel werden wir dieses Thema vertiefen.

Als Mensch zu führen, bietet uns alles, was wir brauchen: Verbindung mit uns selbst und anderen.

Eine Befürchtung, die ich implizit oder explizit von Führungskräften höre, wenn es um menschliche Bindung im Arbeitskontext geht, ist die *emotionale Verletzlichkeit.* Wenn wir uns menschlich aufeinander einlassen, verbindet uns das und wir haben ein enormes kreatives Potenzial, aber wir riskieren auch Enttäuschungen. Mitarbeitende können plötzlich kündigen, auch wenn sie vorher etwas anderes sagten. Wenn eine menschliche Ebene im Spiel ist, hat das mehr Gewicht, als wenn der Mitarbeiter oder die Mitarbeiterin nur eine Nummer ist. Auch Konflikte können uns mehr verletzen, vor allem, wenn sie unfair ausgetragen werden. Brené Brown schreibt dazu in ihren Büchern, dass wir trotz allem nicht umhinkommen, verletzlich zu handeln und uns menschlich mit unseren Mitarbeitenden zu verbinden. Ich denke, sie hat recht. Die Vorteile überwiegen, auch wenn ich selbst zur Genüge erlebt habe, dass es alles andere als einfach ist, wenn Mitarbeitende im Zweifelsfall ihre eigenen Interessen verfolgen. In solchen Fällen sind wir dann in unserer Haltung gefordert. Aus einer gestandenen Real-Self-Haltung heraus wissen wir um die Veränderlichkeit von uns Lebewesen und dass es Perfektion und lebenslange Treue einfach nicht gibt. Die Arbeitsbeziehungen der Zukunft sind projektbezogene Wertegemeinschaften im guten Dialog von erwachsenen Menschen – nicht mehr und nicht weniger. In dieser Mischung aus Verbindlichkeit und innerer Freiheit können auch wir uns wohl und frei fühlen. Es sind keine Abhängigkeitsverhältnisse mehr, die von gegenseitiger Manipulation und Misstrauen geprägt waren, was emotional auch sehr anstrengend war. Die Zeiten sind vorbei, wenn wir »mit einander« arbeiten. Ein großes Glück, finde ich. Im Coaching nennen wir diese Haltung unter Erwachsenen »Caring / Detached«: mit dem Herzen dabei und gleichzeitig klar bei sich. Das klingt zunächst paradox, tatsächlich ist es **die** wunderbare Haltung, in der sich Menschen auf Augenhöhe und mit gegenseitigem Respekt begegnen können. Hier kann Nähe gelebt werden, die keine Abhängigkeiten schafft. So können Menschen produktiv zusammenarbeiten. Meine Prognose ist, dass die Unternehmen die besten Mitarbeitenden finden und binden werden, die *Arbeitsbeziehungen in dieser reifen menschlichen Art* anbieten. Diese Form der Beziehung zu sich selbst und den Mitarbeitenden ist natürlich auch unter Health- und Selfcare-Aspekten die beste – nichts anderes ist Healthy Leadership.

Fragen zur Selbstreflexion

- Wie gut gelingt mir die gesunde Augenhöhe-Beziehung mit meinen Mitarbeitenden?
- Wie offen und neugierig bin ich, wenn ich Gespräche mit meinen Mitarbeitenden führe?
- Wie gut gelingt es mir als Führungskraft, in der Grundhaltung von Menschlichkeit meinen Alltag zu gestalten?
- Wie gut gelingt es mir, auch meine menschlichen Seiten (Emotionen, Bedürfnisse, Interessen, Grenzen) in den Arbeitsalltag zu integrieren?
- Welche Ideen habe ich, um die menschliche Verbindung zwischen meinen Mitarbeitenden und mir zu stärken?
- Auf wen sollte ich gezielt zugehen, um die menschliche Verbindung aufzubauen oder zu stärken?

ESSENZ FÜR EILIGE

Früher wurden gerne Heldengeschichten der »Unkaputtbarkeit« erzählt, in denen Selbstschädigung mit beruflichem Erfolg kombiniert wurde. Die Geschichten entstammen der Superhelden-Welt.

Wenn es um Selbstfürsorge geht, neigen Menschen dazu, selbstherrliche Positionen einzunehmen und Menschen, die eine andere Sichtweise haben, deutlich abzuwerten – der Karnevaleffekt.

Die Flucht ins Privatleben kann keine Lösung sein, denn auch sie entspringt dem Drama Self.

Um Leistung und Wohlbefinden in Einklang zu bringen, braucht es Menschen, die ihre eigenen Qualitätsmaßstäbe definieren.

Der Mensch hat natürliche und kulturelle Fähigkeiten. Sie machen Menschen flexibel, lernfähig und selbsterhaltend.

Menschliche Körper befinden sich in einer permanenten intelligenten Selbstregulation.

Selfcare ist nicht Self-Pampering. Sich übermäßig um sich zu kümmern, stammt aus dem Drama Self.

Menschsein als Führungskraft ist das Kennen und Vertreten des eigenen Wertekompasses. Arbeiten im richtigen Werteumfeld ist stärkend. Gegen die eigenen Werte zu verstoßen, macht auf Dauer krank, mindestens unzufrieden.

Echte Verbundenheit mit Menschen im Arbeitskontext macht zwar auch verletzlich. Das echte Sich-Einlassen auf andere Menschen (Real Self) ist jedoch die beste aller Möglichkeiten.

Siebte Strategie: Dialog statt Monolog

Nach einem *konservierenden Gespräch* fühlen wir uns oft müde und beklommen, aufgebracht oder gekränkt. Nach einem *regenerativen Dialog* sind wir klar, belebt, befreit, erfrischt oder sogar manchmal inspiriert. Ein echter Dialog hebt das Selbstbewusstsein und die Energie aller Beteiligten.

Edwin hatte sich getraut. Viele Monate waren vergangen, in denen er schlecht geschlafen hatte, die Gedankenkreisel nicht zu stoppen waren. Und nun war er vor sein Team getreten, hatte tief durchgeatmet und seinen Gedanken und Emotionen freien Lauf gelassen. »Es fällt mir nicht leicht, diese Sätze zu sagen, aber ich weiß aktuell nicht mehr weiter. Die Unzufriedenheiten in unserem Team … wir und ich bemühen uns seit etlichen Wochen, die Atmosphäre zu verbessern. Wir haben sogar schon HR um Unterstützung gebeten. Aber die Unzufriedenheit und die Anspannung lösen sich nicht auf. Das schriftliche Feedback an mich ist wieder sehr schlecht ausgefallen. Ihr reibt euch an mir auf. Ich mich allerdings auch an euch. Es belastet mich sehr, dass wir uns wohl nicht gut verstehen. Ich habe aktuell keine Idee mehr. Ich bin ratlos. Wie geht es euch denn wirklich? Und wie kommen wir auf einen grünen Zweig?«

Edwin hatte sich selbst überrascht und übertroffen. Er hatte die gewohnte Rolle des perfekt kontrollierten Chefs verlassen und es gewagt, sich anders zu zeigen: offen, transparent, menschlich, emotional. Er war durch eine Krise an den Punkt gelangt: »Entweder ich wage jetzt etwas Neues oder ich halte es nicht mehr aus.« Aber er hatte den mutigen und für ihn völlig neuen Weg nach vorne eingeschlagen, und er hatte sich für den Weg der Selbsttreue entschieden. Er hatte sein Herz und seinen Verstand in die Hand genommen und zeigte sich nun völlig offen und verletzlich seinem Team. Wie ist das Gespräch Ihrer Meinung nach ausgegangen? In der Tat gibt es in dieser Geschichte nicht nur ein mögliches Ende. Für Edwin persönlich hat die Geschichte ein gutes Ende genommen. Seine persönliche Offenheit und die damit verbundene Verletzlichkeit sind bei seinem Team gut angekommen. Das Team war ernsthaft betroffen, so hatten die Teammitglieder ihren Chef noch nie erlebt. Es hat sie berührt, weil das Vertrauensverhältnis zwischen ihm und ihnen noch nicht zerstört war und weil das Team bereit war, ihn ernst zu nehmen und nicht in eine Opfer- oder Angriffshaltung zu verfallen. So läuft optimale professionelle Krisenkommunikation ab: Aus einer selbstverantwortlichen Haltung wird Aufrichtigkeit angeboten und Aufrichtigkeit kann ebenso selbstverantwortlich und differenziert wahrgenommen und ernst genommen werden, und daraus entsteht im optimalen Fall ein besserer Weg, auf jeden Fall ein gemeinsamer. Ich nenne diese Art zu kommunizieren *regenerative Kommunikation*, weil sie die Beteiligten aus einer verfahrenen Situation (Stuck State) führt und wieder Energie frei wird. Wenn ein aufrichtiger, vertrauensvoller Austausch unter Erwachsenen stattfindet, ist das immer befreiend, klärend und gut. Das Energiebarometer steigt nach oben, selbst oder gerade wenn Krisen so überwunden werden können.

Nicht überall funktioniert emotionale Aufrichtigkeit

In einem alternativen Szenario können wir uns aber auch vorstellen, dass das Team mit Edwins emotionaler Offenheit nicht souverän umgehen kann, dass auf diese sensible Offenbarung mit Unverständnis oder gar Empörung reagiert wird – oder vielleicht auch mit betretenem Schweigen, das auch als Ignoranz gedeutet werden kann. Ich habe viele Kommunikationssituationen im Arbeitskontext erlebt, in denen Offenheit und Emotionalität nicht auf Gegenliebe oder gar Anerkennung gestoßen sind. Dass ehrliche Kommunikation nicht immer funktioniert, liegt daran, dass Kommunikation keine Einbahnstraße ist, sondern immer von mindestens zwei Seiten gestaltet wird. *It takes two to tango.* Um echtes gegenseitiges Verständnis wird also immer gerungen werden müssen. Die eine Seite kann sich ernsthaft um Transparenz und Klärung bemühen, die andere Seite ist so frei, dies nicht zu tun. Dafür kann es viele Gründe geben. Meist ist es auch eine Frage der Haltung. Menschen im Drama Self sind kommunikativ tatsächlich nicht offen, ihre Ohren sind zu. Sie kreisen emotional nur um die eigene Perspektive, die bekanntlich Verzerrungen unterliegt, die der Betroffene nicht als solche erkennt. Im Drama Self fühlt man sich im Recht. Sei es als Superheld oder als Opfer. Menschen im unreflektierten Drama Self sind für eine gemeinsame Lösung nicht erreichbar. Und so können wir Menschen zwar auf unsere Kommunikationsebene einladen, ob sie uns folgen oder nicht, bleibt ihre freie Entscheidung. Erinnern wir uns: Der Raum zwischen Reiz und Reaktion ist immer dem Individuum überlassen und in der Wahl ihrer Haltung sind alle Menschen frei. Führungskräften kann ich nur empfehlen, die Haltungsthemen lesen zu lernen. Natürlich im Schwerpunkt bei sich selbst, aber in der Führungsarbeit auch bei den Mitarbeitenden. Sollte einem auffallen, dass sich ein Drama-Self-Zustand bei einem Teammitglied oder gar im Gesamtteam verfestigt hat, würde ich empfehlen, ein professionelles, gut vorbereitetes Feedback- und Entwicklungsgespräch zu führen. Bei ausgeweiteten Teamkonflikten empfiehlt es sich, sich externe Hilfe bei einem geeignet ausgebildeten Coach zu suchen.

Für einen konstruktiven Dialog braucht es zwei Beteiligte, die an einer Lösung interessiert sind.

Edwin lag mit seiner emotional offenen Strategie richtig und sein Vertrauensvorschuss führte zu klärendem Austausch. Doch konstruktive Kommunikation ist nicht immer eine Erfolgsstrategie, selbst wenn sie aus bester Absicht von einer Seite angestoßen wird. Einige meiner Klienten erschöpfen sich daran, in Umfeldern, die konservierend kommunizieren, immer wieder echten Dialog auf Augenhöhe anzubieten. Sie fühlen sich dann emotional ausgebremst, weil konservierende Kommunikation eben eine authentische Beziehungsebene ausspart. Diese Klienten leiden dann, fühlen sich in ihren Werten verletzt und versuchen es immer wieder und wieder und fliegen wie eine Fliege gegen die geschlossene Fensterscheibe. Sie kommunizieren emotional aufrichtig und lösungsorientiert und sprechen, wenn sie in keiner überlegenen Position sind, weiterhin die Sprache X im Land Y. Manchmal entpuppen sie sich in der Reflexion als idealistische Superhelden, die ihre Kernwerte anderen innerlich als Norm aufzwängen und sich dann immer innerlich aufregen, wenn die Realität bei anderen Menschen eine andere ist. Kulturen kommunizieren sehr unterschiedlich. Wir tun gut daran, mehrsprachig zu bleiben, wenn wir den Kontakt zu unseren Gesprächspartnern nicht verlieren wollen. Solange wir es mit vielen kommunikativen Kulturen zu tun haben, ist es ratsam, in beiden Kommunikationsformen ein Repertoire zu haben, auch wenn ich persönlich hoffe, dass die regenerative Kommunikation immer häufiger zum Tragen kommt. Kommunikation ist jedoch ein Kulturthema und Kulturveränderung ist ein langfristiges Projekt. Es ist hilfreich, die Zusammenhänge zu verstehen, um die Dinge richtig einordnen zu können. Erinnern wir uns an die verschiedenen Bewirtschaftungsphasen des Lazy-Eight-Modells. Nicht nur ein Wald sieht in jeder Phase anders aus, auch eine Unternehmenskultur und die dazugehörige Kommunikation sehen im Hochsommer anders aus als im Herbst, Winter oder Frühjahr. Erinnern wir uns: In der Phase der Stabilität/Konservierung geht es darum, dass sich Monokulturen der Macht durchgesetzt haben und der Erfolg darin besteht, diese Monokulturen zu erhalten und in sich effizienter zu machen. Das Ziel jeder Kommunikation ist also die Bestätigung des Status und die Aufrechterhaltung dessen, was für richtig gehalten wird. Es wird also eine möglichst perfekte Kontrolle der Situation und auch der beteiligten Personen angestrebt. Für Besprechungen bedeutet dies, dass sie im Idealfall so gestaltet sind, dass die Hierarchie im Raum bestätigt wird, dass das Rationale der Zahlen, Daten und Fakten dominiert und das Menschliche und Emotionale außen vor bleibt. Konkret: Es gibt Weisungsbefugte und Weisungsempfänger und die Kommunikation läuft von oben nach unten. Die Vorgesetzten sind die Wissenden und geben den vorhandenen Druck nach unten weiter. Ein guter Mitarbeiter hält besonders viel Druck aus und überträgt diesen erfolgreich nach unten im System. Die Erfolgskommunikation in einem solchen System bezeichne ich entsprechend der Zielsetzung als *konservierende Kommunikation* (lateinisch: conservare = »erhalten«, »bewahren«) und sie läuft nach bestimmten Regeln ab. Konservierende Kommunikation ist statusorientiert. Die Beziehung zwischen Führungskraft und Mitarbeitenden ist autoritativ. Oben und unten ist eine klare Rangordnung: Tritt ein niedriger Statusrang zu mächtig auf, wird er mit den Machtmitteln eines Hochstatus in den niedrigen Status zurückgedrängt. Wirksame Mechanismen zur Durchsetzung des Hochstatus sind das Ignorieren der Person oder das bewusste Herabsetzen vor anderen, etwa indem vermeintliche Fehler des aufbegehrenden Niedrigstatus aufgedeckt, manchmal sogar erfunden werden, um ihn öffentlich zu schwächen. Wer sich in dieser Kultur allzu menschlich zeigt oder gar Fehler zugibt, wird in der Regel ebenfalls des Feldes verwiesen. Er hat gegen das Prinzip der Konservierung, der Aufrechterhaltung des Bestehenden verstoßen. In einer konservierenden Kommunikation wird über selbstwerterhöhende Erfolgsgeschichten gesprochen, mit denen der eigene Status im Raum untermauert wird. Fehler passieren höchstens anderen und das muss auch so dargestellt werden. Konservierende Kommunikation sucht die Schuld immer bei anderen, auch zum Selbstschutz.

Konservierende Kommunikation will die Aufrechterhaltung des Bestehenden!

Betrachten wir jede Form der Kommunikation auch als System in einer bestimmten Wirtschaftsphase, so hat jedes System seine besonders empfindlichen Stellen, an denen es irritiert werden kann. Das System gerat dann unter Stress. In der konservierenden Meeting-Kommunikation sind Stressoren alles, was nicht kalkulierbar oder berechenbar ist. Ein Stressor für konservierende Kommunikation ist der Faktor Mensch in all seiner Buntheit, Ideenvielfalt, Emotionalität und persönlichen Komplexität. Um den Status quo zu erhalten, setzt konservierende Kommunikation daher auf Strategien, die diese Stressoren gar nicht erst aufkommen lassen oder im schlimmsten Fall schnell wieder zum Schweigen bringen. Das Prinzip der Monokultur funktioniert hier besonders gut: Man verkehrt nur unter seinesgleichen. So werden unangenehme Überraschungen vermieden. Man einigt sich auf statuserhaltende Gesprächsformen, die durch eine starre Tagesordnung TOP 1 bis TOP 100 vorbereitet werden. »Keine unangekündigten Zwischenfragen zu anderen Themen bitte!«, und wenn jemand droht, die Hierarchie oder den Status in Frage zu stellen, wird dies durch Mechanismen wie Ignorieren, Druck, Angstszenarien, Abwertung reguliert. Damit ist das Ziel der Konservierung und des Machterhalts erreicht. In einem konservierenden Kommunikationsstil geht es also nicht darum, in einen offenen Austausch über neue Ideen oder gar in einen menschlich bewegenden oder gar emotional relevanten Diskurs zu kommen. Beobachten wir solche Besprechungen, so sehen wir eher Monologe, die nacheinander abgesondert werden. Monologe, die der Selbstdarstellung dienen, oder Monologe, die der Rechtfertigung dienen. Niemand stellt offene oder gar emotionale Fragen. Mit einem solchen Stil würden wir den Ball der Macht und Kontrolle aus der Hand geben – das will niemand in einem solchen System.

Dieses Modell hat jahrzehntelang unser Management und somit die Menschen, die sich darin bewegen, geprägt. Die Personen, die dieses Modell für sich ausbilden konnten, waren in dem System erfolgreich. In meiner Gegenwart haben alle zugegeben, dass diese Art, Meetings zu führen, sehr anstrengend war, denn diese Kommunikation ist auf Angst aufgebaut: der Angst, den eigenen Status zu verlieren, Angst, die Kontrolle zu verlieren, Angst, Fehler zu machen, Angst, angegriffen zu werden. Viele nennen diese Art des Umgangs auch Haifischbecken. Dort sind Beteiligte im Grunde immer systembedingt im Fight-or-Flight-Modus. So wird jedes Gespräch ein Machtkampf, in dem sie sich behaupten müssen. Es herrscht die Grundstimmung: *Win* ***or*** *lose*. Unter dem Druck zu verlieren werden wir uns dann gerne stark profilieren. Wer das Ganze als Spiel wahrnehmen konnte oder kann, ist sicher im Vorteil.

Der Shift von der Angst- in die Zutrauenskultur

Interessant wird es, wenn wir in verschiedenen Branchen in eine andere Wirtschaftsphase wechseln, wenn eine Krise dazu zwingt, Wandel herbeizuführen, und zwar nicht nur eine Anpassung (die nächste Umstrukturierung!), sondern wenn ein echter Paradigmenwechsel ansteht. Nach einer Krise sind die alten Erfolgsmodelle zerbrochen, weshalb das alte Kommunikationsmodell nicht mehr greift. Der Sturm hat den ehemaligen Wald zu Fall gebracht. Einen kaputten Wald zu erhalten, wäre eine schlechte Forststrategie. Die Menschen, die jetzt Wirtschaft neu gestalten wollen und müssen, brauchen neue Kommunikationsarten. Sie brauchen das, was ich *regenerative Kommunikation* nenne (lateinisch: regeneratio = »Neuentstehung«).

Regenerative Kommunikation eignet sich sehr gut, wenn Wandel zu gestalten ist und Neues entstehen darf. Wir brauchen sie, wenn klar ist, dass sich etwas ändern muss, kann oder darf. Regenerative Kommunikation ist in ihrer Zielsetzung komplett anders als die konservierende. (Tab. 5) Über das, was besteht oder bestand, brauchen wir uns gar nicht zu lange zu unterhalten. Die Vergangenheit darf gestreift werden, ist aber in dieser Gesprächsform nicht von schwerpunktmäßigem Interesse. Die Schwerpunkte der Kommunikation liegen in der *differenzierten Betrachtung der Gegenwart* und *im Erfinden des Neuen*. Der große Vorteil der regenerativen Kommunikation ist die *positive »Energiebilanz«*. Wenn es uns gelingt, in Einzelgesprächen oder eben auch in unseren Teams in einen regenerativen Kommunikationsstil zu wechseln, steigt sofort die Energie aller Beteiligten. Im Coachingjargon sagen wir, dass »die Betriebstemperatur steigt«. Das hat nichts mit der Perfektion des Formats zu tun, sondern damit, dass sich in dieser Kommunikation alle befähigt und ermutigt fühlen, sich als ganze Menschen und Fachleute offen einzubringen und zu beteiligen. Regenerative Gespräche sind jedoch nicht bedingungslos, auch wenn man sich das vielleicht wünscht. Es gibt gerade in diesem »weichen« Kommunikationsformat »harte«, weil klare Voraussetzungen. Voraussetzung dafür ist, dass ein echtes Interesse an einem Lösungsprozess besteht und dass zwischen den Beteiligten ein Grundvertrauen herrscht, in dem Offenheit, Respekt und Dialogfähigkeit gelebt werden und keine Machtspiele zu erwarten sind. Denn dann haben alle ein Interesse an der Erarbeitung von tragfähigen Lösungen, auch wenn diese Gegenstand von Auseinandersetzungen sein können. Gerne ist in

Menschen, die Wirtschaft neu gestalten wollen und müssen, brauchen neue Kommunikationsarten.

diesem Zusammenhang auch von psychologischer Sicherheit die Rede, von einem Rahmen, in dem alle im Raum offen und ohne Angst vor Sanktionen ihre Meinung sagen können. Wir sprechen im Coachingdeutsch gerne von *Rapport,* wenn wir von dieser vertrauensvollen Arbeitsbeziehung sprechen. *Mit Rapport geht alles, ohne Rapport geht nichts.* Und wir Menschen spüren, ob grundsätzlich Vertrauen angebracht ist oder eben nicht. Wer spricht sonst offen über seine Ideen, wenn man das Misstrauen hat, dass die eigene Idee gestohlen wird? Gelingt es uns jedoch, einen vertrauensvollen Raum zu etablieren, kann sehr viel Gutes entstehen. Menschen interagieren und arbeiten Schulter an Schulter an Lösungen. Die Beteiligten erleben sich als aktive Gestaltende eines Treffens und nicht als Staffage für die Selbstinszenierung von Profilierungsexperten. Das Format der regenerativen Kommunikation ist sehr interaktiv, es gibt ein Pingpong offener Fragen zu spannenden Themen, es gibt bewusst Zeit für inspiriertes Nachdenken und es dürfen auch mal unverblümt neue Gedanken entwickelt und geäußert werden. Das allein macht es schon abwechslungsreich und dynamisch. Regenerative Kommunikation hat auch immer eine gedankenspielerische Komponente, auch wenn an echten Themen gearbeitet wird. Auf manchen Ideen wird aufgebaut, gemeinsam mit anderen werden Themen oder Lösungen weitergedacht und etwas gefunden, das alle gut finden. Manchmal sind die Ideen nicht gut und das Ganze wird verworfen, aber es hat Spaß gemacht, noch einmal genauer nachzudenken. Selbst dieser Worst Case des Verwerfens der Idee hat alle Beteiligten ein Stück schlauer gemacht Das ist die Energie, die alle Gern- und Viellerner, die ich bisher in diesen Formaten begleiten durfte, zu schätzen wissen. Auch wenn sie müde und erschöpft in solchen Sessions ankamen, waren sie spätestens nach ein paar Stunden regeneriert und fühlten sich wieder energiegeladen.

Tab. 5: Gegenüberstellung von Stilmerkmalen konservierender Kommunikation und regenerativer Kommunikation

Konservierende Kommunikation Bestandswahrung	**Regenerative Kommunikation: Neues gemeinsam entwickeln**
Ziel: Bestätigung der bestehenden Hierarchie, Auf- und Ausbau der Machtverhältnisse und Kontrolle der Ergebnisse	Ziel: Menschen in einem produktiven Austausch. Sie entwickeln bestmögliche Lösungen für relevante Themen.
Voraussetzung: Termin	Voraussetzung: Gegenseitiges Interesse und Vertrauen
Rationales und mechanistisches Menschenbild	Humanistisches und ganzheitlich systemisches Menschenbild
Fokus auf Effizienzsteigerung und Kontrolle von Zahlen, Daten, Fakten	Fokus auf sinnvolle Erneuerung von allen Prozessen, Lernen, Re-und Co-Kreation, Vernetzung
Hierarchische Kommunikation: Oben/Unten wird manifestiert	Alle sind Experten ihrer Bereiche und wichtig in ihren Einschätzungen
Menschsein ignorieren bei sich selbst und anderen	Die menschliche Intuition, Intelligenz, Kreativität sind neben einer fachlichen Kompetenz die Hebel für die Erneuerung. Das eigene *Menschsein* ins Zentrum der eigenen Produktivität rücken
Über kommunikative Machtmittel Menschen zum Funktionieren bringen: Angst schüren, Druck und Misstrauen aufbauen, strategisch ignorieren und abschotten	Menschen geben dann ihr Bestes, wenn sie gesehen und gehört und ernst genommen werden: ermutigen, offen sein, offene Fragen stellen, zuhören, Lösungs- und Nachdenkprozesse initiieren
Peter stellt Peter ein. Michaela stellt Michaela ein: Da weiß man, was man hat! Peter mag Peters Ideen am meisten, weil sie die eigene Position stabilisiert	Möglichst viele starke Individuen mit unterschiedlichsten Hintergründen an Bord holen. Deren Perspektiven hören und in neue Ideen einfließen lassen.

Fragen zur Selbstreflexion

- Welche Meetings laufen in unserem Unternehmen in welcher kommunikativen Kultur ab?
- Wie gut spreche ich beide Kommunikationsarten? Was ist meine bevorzugte Kommunikationsart?
- Welche Kommunikationsart reizt es mich im Sinne meiner eigenen Potenzialentfaltung vertiefend zu lernen?
- Wie gut kann ich die beiden Kulturen mit meinen persönlichen Werten in Einklang bringen?
- Neige ich zum idealistischen Superhelden und reibe mich auf in einem Umfeld, das anders kommuniziert, als ich es schätze?
- Liegt ein Reiz darin, flexibel kommunizierend agieren zu können?

Kommunikation als Energie- und Lösungsspender

Und der wichtigste Punkt in Bezug auf Selfcare: Der alte Kommunikationsstil hat uns auch selbst zum reibungslosen Funktionieren gebracht, was aufgrund der Angstbasis anstrengend ist, und wir haben in dieser Machtkultur die Gewohnheit entwickelt, unsere eigenen mentalen, emotionalen, körperlichen und sozialen Grenzen nicht mehr zu spüren. Wir haben *unsere vitalen Interessen im Arbeitskontext lange vernachlässigt*. Nach vielen Jahren in Führungspositionen habe ich viele Menschen erlebt, die nicht durch die vielen Arbeitsstunden gestresst waren, sondern durch die machtorientierte, menschenfeindliche Atmosphäre. Aber es gibt Hoffnung. Die ersten regenerativen Wirtschaftsformen werden bereits erfolgreich betrieben und es werden immer mehr. Die B-Corp.-Zertifizierung sei hier genannt. Mehr als 5 000 B-Corp.-zertifizierte Unternehmen in 153 Branchen und 77 Ländern stehen nicht nur für eine inklusivere und nachhaltigere Wirtschaft, sondern auch für einen weltweiten Kulturwandel und eine *neue Definition* von Unternehmenserfolg. Weltweit gehören beispielsweise

Patagonia, Ecover, Fairphone oder Weleda zur B Corp. Community.[51] Für mich gehört diese Umgestaltung zu den attraktivsten Zielen, die wir uns als Menschheit vornehmen können – zur Zielerreichung werden wir wahrscheinlich einen langen Atem brauchen, denn es gibt parallel viele Herausforderungen zu bewältigen.

Beispielsweise KI-Systeme, die in unser aller Leben Einzug halten, werden auch unsere Rolle als Führungskräfte herausfordern. Was sind unsere wahren menschlichen Stärken, in denen wir der Technologie überlegen bleiben? Die Produktion von Texten und Bildern scheint nicht mehr nur dem kreativen Menschen allein möglich zu sein. Auch medizinische Diagnosen könnten bald durch KI präziser gelöst werden als durch menschliche Beobachtung. Selbst im Bereich der einfühlsamen Gesprächsführung wird KI bereits eingesetzt. In einer Arzt-Patienten-Studie schnitt ChatGPT bei 80 Prozent der Patienten hinsichtlich der Qualität der Information und des wahrgenommenen Einfühlungsvermögens besser ab als der Arzt! Wie sieht es mit der kompetenten Entscheidungsfindung aus? Im Jahr 2019 hat eine Risikokapitalgesellschaft in Hongkong ein KI-Tool namens VITAL in den Vorstand berufen. Es darf sogar mit abstimmen, wenn über Investitionen entschieden wird.[52] Worin sind wir unersetzlich? Wofür braucht man uns mittelfristig noch? Wir können das gemeinsam herausfinden, indem wir in regenerativen Gesprächen ernsthaft darüber sprechen, in welcher Arbeitswelt wir tätig sein wollen, welche Werte uns wie wichtig sind und wie unsere Entscheidungen heute zur Gestaltung unserer Zukunft aussehen sollten. Wir können in jeder Rolle in jeder Branche im Kleinen wie im Großen grundlegende Fragen diskutieren und uns bewusst entlang unserer Werte für unsere Wege entscheiden. Das KI-Zeitalter löst bei einigen eine Art Goldgräberstimmung aus, es ist spürbar, dass sich ungeahnte Felder von Produkten und Dienstleistungen auftun. Aber selbst, wenn wir in einer Branche nur Anwendende sind, können wir uns sehr grundlegend mit unseren Arbeitsweisen beschäftigen und welche Rolle wir bei dem anstehenden Wandel spielen wollen. Das ist herausfordernd, lag unsere bisherige Managementrolle doch in der Stärke des Konservierens. Vom Bewahrer zum Erfinder und Gestalter der Zukünfte – das klingt mindestens so abenteuerlich wie vom Tellerwäscher zum Millionär, aber vielleicht ist das ja unser kreativer Move zum *Euro-*

pean Dream? Wir werden zu innovativen, produktiven und kreativen Business-Menschen, zu Kooperations- und Dialogweltmeistern, die Probleme lösen, Produkte und Dienstleistungen auf den Markt bringen und ein nachhaltig gutes Leben für sich und andere ermöglichen wollen. Um dies zu initiieren, brauchen wir definitiv die Fähigkeit zur regenerativen Kommunikation, in der alle potenzielle Gestalter sind und als solche einbezogen werden. Nutzen wir die Grundhaltung der Neugier, des Vertrauens und der Experimentierfreude. Damit Neues, Mutiges, Bewegendes entstehen kann, öffnen wir unsere Dialogräume. Ein Meeting ist dann gut, wenn etwas inhaltlich und emotional Relevantes besprochen wurde. Idealerweise entsteht spannendes Neues. Neues braucht allerdings ein wohlwollendes Klima, um sich zu zeigen. Aus dem Coaching weiß man, dass nur echtes Wohlwollen im Raum Menschen für neue Ideen öffnet. Haben wir noch die alte Bewertungsdenke oder die Machtfalle von Win-Lose in unserem Kopf, werden Menschen das spüren und sich innerlich verschanzen. Nur ein Hauch von Strenge oder Druck genügt und eine wirklich neue, verletzliche Idee wird sofort für immer vertrieben. Wir sind sensible Wesen, auch wenn uns das alte Management etwas anderes vermitteln wollte.

Schenken wir uns selbst und unserem Arbeitsumfeld daher wertschätzende Aufmerksamkeit. Wir Menschen wollen wohlwollend wahrgenommen, also wirklich gesehen und gehört werden – dann blühen wir auf. Verlassen wir also den monologisierenden Sende-Modus und entwickeln wir interaktive, kreativitätsfördernde Formate, in denen wir die spielerische, kreative und schöpferische Seite unseres Menschseins zum Klingen bringen und aus dieser Energie heraus über erfolgreiches Business sprechen. Das kann nur gut werden, versprochen! Werden wir als Menschen nicht wahrgenommen, bleibt uns nur die Flucht nach innen. Wenn Menschen nicht gehört und gesehen werden, fühlen sie sich einsam, und Einsamkeitsgefühle machen unglücklich, unproduktiv und gelten heute sogar als ernst zu nehmende Gefahrenquelle für frühe Sterblichkeit.[53] Nun wollen wir in der Arbeitswelt nicht nur überleben, wir wollen und teilweise müssen gerade in Zeiten der Transformation besonders produktiv sein. Auf kommunikativer Ebene können wir dazu täglich unseren Beitrag leisten. Lebendig und kreativ werden wir, wenn wir einander Aufmerksamkeit schenken, wenn unsere Gedanken sich mit- und aneinander aufladen, wenn wir uns gemeinsam auf den Weg machen.

Mein Weg zur regenerativen Kommunikation

Voraussetzung dafür, dass wir anderen unsere Aufmerksamkeit schenken können, ist, dass wir uns selbst Aufmerksamkeit und auch Anerkennung schenken können.

Hier kommt etwas als Bumerang auf uns zurück. Wir können also auch bei diesem Thema bei uns selbst anfangen. Welche Haltung habe ich mir selbst gegenüber? Stehe ich in einem nährenden Dialog mit mir selbst? Nehme ich mich in meinen Bedürfnissen gut wahr? Bin ich auf dem Weg, gut mit mir umzugehen? Gehe ich meistens liebevoll mit mir um? Nehme ich mich selbst als Mensch an, mit all meinen Unzulänglichkeiten, aber auch mit all meinen lebendigen Potenzialen?

Viele Menschen, die lange im »Ich-funktioniere-Land« unterwegs waren, können nun eine Abenteuerreise zu sich selbst antreten, vom »Ich-funktioniere-Land« zum »Ich lebe-Land«. Wer bin ich, wenn ich mich als Mensch spüre und ernst nehme? Welche Impulse nehme ich dann wahr? Wie spüre ich meine Lebendigkeit? Wie lebe ich meine Lebendigkeit? Wie bringe ich meine Lebendigkeit in meine Arbeit ein? Was interessiert mich wirklich? Was treibt mich innerlich an? Wovon fühle ich mich angezogen, wenn ich meinen Werten treu bin? Das neue Selbst steht also im zukunftsorientierten Arbeitskontext auf anderen Füßen. In der alten Welt waren wir von außen nach innen gelenkt, in der neuen Welt von innen nach außen und zurück ins Innen. Dabei hilft uns das Prinzip des Sensorship. Tatsächlich brauchen wir in der Regel keine mehrjährigen Retreats, um ins »Ich-lebe-Land« zu gelangen. Der einfachste Weg ist die Reflexion über die eigene Haltung und die Erlaubnis, uns selbst ernst zu nehmen. Erinnern wir uns an das Thema Haltung aus der ersten Selfcare-Next-Level-Strategie. Ohne die Rückverbindung zu uns selbst kommen wir nicht wirklich weiter. Und zum großen Glück der menschlichen Freiheit kann uns das auch niemand abnehmen. Es ist allein unsere Aufgabe, uns wieder mit uns selbst zu verbinden. Manchmal hilft ein Blick von außen oder mit Abstand auf die eigene Situation, in dem wir sonst gefangen sind. Mit gesundem Abstand können wir erkennen, was in unserem Leben eigentlich ver-rückt ist, was wir aber als **normal** integriert haben, um nicht ständig in innere Konflikte zu geraten. Eine Auszeit von ein paar Tagen, eine Weiterbildung in einem Bereich, der uns wirklich interessiert, oder auch ein Besuch bei guten Freunden erhöht die Wahrscheinlichkeit, dass wir uns wieder mit unserer Grundkraft verbinden. Ist der Anfang der Rückverbindung mit uns selbst einmal gemacht, kann sie immer mehr zur inneren Routine werden. Irgendwann wird es zur neuen Norm, bei uns selbst zu sein. Wir vermeiden Kontexte, die uns in das Alte zurückziehen.

Neben diesen Auszeiten gibt es viele Aspekte in unserem Alltag, die uns helfen, uns selbst wieder wahrzunehmen. Das Zauberwort heißt hier: Bewusstheit (Mindfulness). Wenn wir in unseren Alltagsroutinen stecken, können wir immer mal wieder *die Lampe der Bewusstheit anknipsen.* Zum Beispiel essen wir ab und zu bewusst. Wir nehmen wahr, wie wir essen, was wir essen, wie wir uns in der Umgebung fühlen, in der wir essen, welche Gefühle nach dem Essen auftreten. Wir können in jeder Alltagssituation mal »das Licht anknipsen« und dann in unsere Wahrnehmung hineinleuchten und -spüren. Schon bald werden wir auch unsere eigene Energie bewusster wahrnehmen: Wann fühle ich mich energiegeladen? Wann fühle ich mich eher müde? Dann können wir uns mehr und mehr auf die Suche nach Situationen machen, die uns Energie geben. So wie die Sonnenblume sich der Sonne zuwendet, können auch wir auf uns achten und immer mehr Momente der Vitalität in unseren Alltag bringen. Stellen wir fest, dass wir uns viel zu selten vital fühlen, können wir uns einigen grundlegenden Fragen widmen, die in der zweiten Selfcare-Next-Level-Strategie zur Selbsttreue aufgeführt sind.

Ich erlaube mir, als Mensch zur Arbeit zu gehen

Wir können nun auch während unserer Arbeitszeit die Lampe der Bewusstheit anknipsen: Wie lebendig fühle ich mich während dieses Meetings? Wie lebendig wirken die anderen Beteiligten auf mich?

Nehmen wir uns also immer öfter ernst und wahr, dann zahlen wir direkt und indirekt auf unsere eigene Lebendigkeit ein. Unsere Bedürfnisse, Ideen, Gefühle, schöpferischen Impulse immer besser wahrzunehmen und ernst zu nehmen, ist die Grundlage für ein nachhaltig gesundes Arbeiten. Aus Superhelden-Perspektive wird natürlich gerne über die neue Gefühligkeit gelästert und sie wird als Befindlichkeitsterror abgetan. Erinnern wir uns hier immer daran: Die Struktur des Superhelden ist die Welt des Dramas. In einem Drama muss alles überzeichnet werden, um den eigenen Status zu erhalten. Lassen wir uns also nicht ablenken von inneren oder äußeren Kritikern, die die Welt der Selbstausbeutung bedienen wollen. Gelingt uns dieser Switch von der Außenorientierung hin zu *unserem Sein*, das sich aus unserem inneren Potenzial ableitet, haben wir beste Voraussetzungen für einen gesunden Arbeitsstil.

Der coachende Führungsstil

Aus dieser gefestigten inneren Haltung uns selbst gegenüber können wir auch die Gespräche führen, bei denen sich erwachsene Menschen wirklich ent-falten: Wir können mithilfe unserer Dialogfähigkeit Konflikte ehrlich und differenziert auf den Tisch bringen und bestmöglich lösen, wir können neue Ideen entwickeln, Prozesse wirklich optimieren, Geschäftsfelder bestellen und zur Blüte bringen und wir können uns gegenseitig ermuntern, über uns hinauszuwachsen, ohne uns dabei selbst auszubeuten. Im Gegenteil: Wir lernen voneinander, miteinander und aneinander.

Meetings anders gestalten

In der konservierenden Meetingkultur haben wir uns einen Gesprächsstil angeeignet, der wirklich anstrengend ist für uns selbst und andere. Die Angst saß uns eben im Nacken. Untersuchungen unserer Meetingkultur von Steven Rogelberg[54] zeigen eindrücklich, dass in unserer Meetinggestaltung von heute noch sehr viel Verbesserungspotenzial steckt: Einerseits kann man die Wirksamkeit von Meetings steigern. Und andererseits kann durch unsere Art zu kommunizieren auch das Wohlbefinden aller Beteiligten verbessert werden. Bei diesem Stil geht es vor allem um die Aktivierung der Mitarbeitenden, in dem man gekonnt Fragen stellt, viel Raum lässt, gut zuhört, Inhalte zusammenfasst und auch manchmal Impulse setzt. Diese Art der Kommunikation wird auch als coachender Führungsstil bezeichnet und führt neben viel inhaltlicher Produktivität zur Energetisierung von Meetings. (Tab. 6) Die Haltung im coachenden Führungsstil ist fundamental anders als im managenden Führungsstil. Im managenden Führungsstil wollen wir erreichen, dass sich *unsere eigene Vorstellung von etwas* durchsetzt. Daher reden wir selbst sehr viel, finden gute Argumente und wollen überzeugen – ein sehr wichtiger Aspekt von guter Führung, jedoch lassen sich die Mitarbeitenden dann gerne eher passiv zurückfallen. Wollen wir ein Meeting energetisieren, sollten wir zu einem coachenden Führungsstil wechseln.

Tab. 6: Energetisierung von Meetings durch Elemente eines coachenden Führungsstils

Konkrete Tipps zur Energetisierung von Meetings	**Bemerkung**
Check-in abwechslungsreich gestalten	Wie hoch ist euer Energieniveau heute? Was müsste heute in unserem Meeting passieren, damit du zufrieden rausgehen würdest? Was hat dich heute bereits erfreut? Kleine Door Opener, gerade wenn sie eine gewisse Abwechslung reinbringen, erfrischen und binden. Um sich selbst den Druck der Originalität zu nehmen, kann man diese Aufgabe in Teams auch kreisen lassen. (Jedes Teammitglied denkt sich mal eine Frage aus.)
Interaktion statt Monolog	Sowohl wir selbst als auch andere können uns in längeren Ausführungen verlieren. Es ist eine Gratwanderung zu entscheiden, was noch unter »in Ruhe zuhören« und »im Sinne der Zielsetzung des Meetings unterbrechen« gehört. Wichtig ist jedoch, dass zu langes Monologisieren von einer Person die anderen Menschen nicht in die Aktivierung bringt.

Beziehung vor Inhalt: Sich aktiv für den Menschen hinter der Rolle des Mitarbeitenden interessieren	Die Beziehungsebene und ob wir uns bei den Meetings wirklich gegenseitig wahrnehmen, ist ein wesentlicher Schlüsselfaktor. Offene Sinne für die anderen Menschen im Raum. Bewusstheit und Wahrnehmung. Verbindung ausdrücken.
Die TOP in Fragen formulieren, konkret und fantasievoll	Eine Agenda mit Fragen ist hilfreich, um die Produktivität von Meetings zu fördern.
Hinhören, wahrnehmen, zusammenfassen, Fragen stellen. Wir als Führungskräfte sind eher Impulsgeber und Fragensteller statt Experten im Raum.	Je länger ein Mitarbeitender oder eine Mitarbeiterin spricht, umso mehr fühlt er oder sie sich wahrgenommen.
Alle Sinne miteinbeziehen: Bilder, Musik, Bewegung …	Monotonie lähmt, Abwechslung erfrischt
Lösungsexpertise bei Mitarbeitenden anregen	Coachender, interaktiver Führungsstil
Eigene Emotionen in den unterschiedlichen Facetten transparent zeigen – sich selbst als fühlender Mensch zeigen	Im Beispiel am Anfang des Kapitels zeigte Edwin seine empfundene Frustration und Ratlosigkeit. Schön ist es auch, wenn Emotionen wie Freude, Zufriedenheit, Neugierde oder auch Grenzen oder Ambivalenzen ausgedrückt werden. Das öffnet den Raum für Wahrhaftigkeit. Für das zentrale Gefühl von psychologischer Sicherheit ist es unerlässlich, dass man sich mit allem, was einen wirklich beschäftigt, öffnen kann.[55]

Führen in der Coach-Haltung begleitet Prozesse, bringt Menschen, Emotionen und Inhalte zusammen, fördert die Selbstreflexion aller und daraus entstehen dann im Zusammenspiel die Lösungen. Sie ist also ein Teil von regenerativer Kommunikation. Als Führungskraft in der Coach-Haltung haben wir keine vorgefertigte Lösung im Kopf. Wir wissen nur, dass sich etwas lösen muss, was außerhalb unserer individuellen Kontrolle liegt, und daher müssen wir den Prozess für alle Beteiligten kommunikativ öffnen. Für die meisten Führungskräfte, die ich schulen durfte, war das der schwierigste Punkt des Umlernens: nicht selbst in Lösungen zu denken, sondern dem anderen das Zutrauen zu schenken, dass er oder sie selbst auf geeignete Lösungen kommt. Selbst die Führungskräfte, die schon in der Lage waren, mehr Fragen zu stellen, als selbst zu reden, neigten dazu, Suggestivfragen zu stellen wie: »Was wäre aus deiner Sicht der beste Grund, Weg X einzuschlagen?«. Suggestivfragen sind keine offenen Fragen und somit manipulativ und nicht hilfreich.

Es ist nicht einfach, sich von einer angstorientierten konservierenden Kommunikation, die uns so lange geprägt hat, in eine zutrauende regenerative zu entwickeln. Hierzu sind viel Aufklärung, Wissensvermittlung und Training vonnöten, und es bedarf dringend eines *Kulturwandels in Kopf und Herz.* Schlichte Anweisungen wie »Macht jetzt mal, seid mal offen und zutrauend« sind nicht umsetzbar, weil wir eben als Menschen nicht wie Kippschalter unser Mindset und unsere Erfahrungen wegzaubern wollen und können. Ein neues, reflektiertes Selbstverständnis ist Voraussetzung, damit der coachende Führungsstil auch sein Ziel erreicht. Wird der coachende Führungsstil aus einem alten konservierenden Selbstverständnis heraus angewendet, ist er für die Mitarbeitenden verstörend, weil er eine Doppelbotschaft enthält: »Sei ganz eigenverantwortlich, lieber Mitarbeitender, aber bitte genau so, wie ich es mir vorstelle!« Auf solche Doppelbotschaften reagieren Menschen mit Verstörung. Sie wissen nicht mehr, was sie tun sollen. Sollen sie jetzt ihren eigenen Impulsen vertrauen oder es dem Chef recht machen? Es ist also wichtig, dass wir Klarheit darüber haben, auf welcher Basis unseres Selbstverständnisses wir das Meeting führen. Wollen wir managen und unsere Sache an den Mann und die Frau bringen? Dann sollten wir das klar kommunizieren. Oder wollen wir Prozesse anstoßen, in denen das Team oder wir alle gemeinsam nach Lösungen suchen? Dann ist der Fokus völlig anders gesetzt. In Tabelle 7 werden die wesentlichen Merkmale der beiden unterschiedlichen Haltungen in der Führung aufgelistet.

Tab. 7: Die managende Führungshaltung und die coachende Führungshaltung

Managende Führungshaltung	Coachende Führungshaltung
Sachorientierung steht im Vordergrund	Connection und Interaktivität stehen im Vordergrund
Führungskraft hat den größten Redeanteil	Mitarbeitende haben den höchsten Redeanteil (mind. 80 Prozent)
Führungskraft und Mitarbeiter bleiben vorwiegend auf der Sachebene	Emotionen und Inhalte werden thematisiert
Führungskraft ist Experte/Ratgeber	Es werden gemeinsam stimmige Lösungen erarbeitet
Vorgaben und klare Anforderungen durch Führungskraft	Es ist ein ergebnisoffener, konstruktiver Prozess
Führungskraft stellt Termin ein	Es braucht ein Einvernehmen für diese gemeinsame Arbeitsweise
Rolle und Aufgabe	Faktor Mensch
Argumente, Zahlen, Daten, Fakten sind im Fokus	Der lösungsorientierte Prozess ist der Fokus
Braucht kein Vertrauen	Basis: Vertrauen
Ergebnisse und Lösungen werden erwartet oder präsentiert	Prinzip der gemeinsamen Entwicklung von Lösungen

Der coachende Führungsstil bei Konflikten

Beim Thema Dialog- und Meetingkultur müssen wir noch einmal auf das Thema der Haltung zurückkommen, denn nicht nur wir Führungskräfte, sondern auch unsere Mitarbeiterinnen und Mitarbeiter geraten hin und wieder in den Drama-Modus. Das ist anstrengend für die Mitarbeitenden und auch für uns Führungskräfte, denn darunter leidet nicht zuletzt auch die Produktivität. Der Drama-Modus führt in unseren Teams zu aufgewühlten Emotionen, zu irritierenden Verhaltensweisen und zu schräger Kommunikation. Selbst ein Team, bei dem anfangs nur einige der Mitglieder im Drama-Modus sind, kann sich schnell zu einem dysfunktionalen, irrationalen Team aufheizen, denn dramatisierte Zustände eskalieren in der Interaktion zwischen Menschen gerne, wenn an entscheidender Stelle nicht führend eingegriffen wird. Ideal wäre eine Welt, in der viele Menschen den Reiz der Selbstwirksamkeit erkannt haben und mentale Selbstregulation im Arbeitskontext selbstverständlich wäre. So weit sind wir aber leider in den meisten Kontexten noch nicht, aber: Was nicht ist, kann ja noch werden.

Holger, den ich im Coaching begleiten durfte, sprach viel über die schlechte Stimmung im Team, gerade seit er wieder einige Veränderungen durchsetzen musste. Ich zeigte ihm das Modell der Selbstregulation (Sie finden es im Kapitel »Haltung statt Charakter«, Abb. 12) und sofort bemerkte er: »Meine Mitarbeiter sind alle im Drama! Die sind alle gerade Opfer!« Er war sich in seiner Zuschreibung sicher. Woran er das festmache, fragte ich ihn, und es kam wie aus der Pistole geschossen: »Sie sind nörgelig, beschweren sich im Meeting über die Zumutungen der neuen Arbeitsweise, stellen auch mich und meine Kompetenz in Frage, was ich natürlich nicht zulasse.« Ich schaute ihn fragend an: »Was machen Sie dann in den Meetings gegenüber dem Team?« »Ich bleibe immer ganz sachlich und erkläre, warum wir das jetzt so machen müssen. Ich stelle noch einmal alle wichtigen Fakten dar. Ich mache das immer sehr fundiert und ausführlich. Ich möchte für meine Leute transparent sein.« »Und? Mit welchem Ergebnis?« »Meistens schweigen dann alle.«

Kulturwandel in Herz und Hirn!

Holger gehört zu den vielen Führungskräften, die bei starker Emotionalität gerne die Lösung in einer betonten Sachlichkeit suchen. Die Absicht hinter der Sachlichkeit ist sehr löblich: Es sollen die Gemüter beruhigt werden. Leider funktioniert das meistens nicht so wie gedacht, weil mit purer Sachlichkeit das irrationale Feuer des Dramas nur noch mehr zum Lodern gebracht wird. Denn starke Emotionen lassen sich nicht wegmanagen oder ignorieren.

Was hilft uns also dabei, diese kraftzehrenden Dramen in unseren Köpfen hinter uns zu lassen? Bei der Beantwortung dieser Frage können wir uns von guten Teamcoaches aus dem Sport inspirieren lassen: Was macht ein erfolgreicher Trainer einer Basketballmannschaft, wenn die Mannschaft nach einer Taktikumstellung im Drama Self ist und das letzte verlorene Spiel zum Anlass nimmt, beim nächsten Training emotional auszuflippen und die neue Strategie nörgelnd, aggressiv oder weinerlich in Frage zu stellen?

Ein guter Teamcoach weiß um die Tatsache, dass Menschen in schlechter mentaler Verfassung sein können. Im Sport ist es zum Glück schon lange bekannt, dass Mentales und Leistungsfähigkeit zusammenhängen und dass das Mentale und somit Emotionale der Sportler nicht einfach ignoriert werden kann. Ein guter Teamcoach weiß auch, dass er in derartigen Konflikten mit reiner Sachlichkeit nicht erfolgreich sein wird, und switcht in eine andere Führungshaltung. Er geht mutig in den echten Dialog: eine Mischung aus interessiertem Nachfragen, echtem Zuhören, ehrlichen Ich-Aussagen und klaren Einordnungen oder auch Feedback – und das alles aus einer klaren Haltung des bei sich selbst Eingecheckt-Seins. Ein guter Teamcoach muss auf jeden Fall selbst in einer stabilen mentalen Haltung sein, sonst bewirkt die Ansprache genau das Gegenteil. »Sie haben also versucht, Ihre dramatisierten Leute mit Argumenten zu überzeugen, richtig?«, fragte ich ihn. »Ja, aber vor allem bin ich wohl selbst ins Drama Self gefallen, nämlich auf die Seite des allwissenden Superhelden, der über das Vortragen der *richtigen Argumente* die Welt zum Funktionieren bringen will«, bemerkte Holger klug. Die Erklärungsmonologe von Holger nach dem Motto *So funktioniert die Welt, liebe Leute!* und das Ignorieren aller Emotionen im Raum, *Die sachlichen Gründe, liebe Leute!*, ließen keinen Raum für andere Perspektiven oder Emotionen. »Folgt mir und meinen guten Gründen. Ich kenne die Lösung und erkläre sie euch!« Holger war bis zu unserem Gespräch davon ausgegangen, dass er im Meeting mit der Betonung auf Sachlichkeit alles richtig gemacht hatte. Damit ist er bestimmt nicht allein.

Ignorierte Konflikte kosten unendlich viel Energie. Besser Konflikte beherzt ansprechen und lösen. So wird Energie frei!

Wir brauchen als Führungskraft also ein breites kommunikatives Repertoire und ein sicheres Gefühl, wann welche Kommunikationsart am fruchtbarsten ist. Aber wann ist welcher Stil angebracht? Wenn ein Gespräch, sei es ein One-on-one oder ein Teammeeting, durch einen hohen Anteil an Aufgaben- und Sachorientierung geprägt ist, empfiehlt sich die managende Haltung. Je mehr Emotionen ins Spiel kommen, desto eher können wir über einen Wechsel in die Coach-Haltung nachdenken. Emotionen sind bei fast allen Veränderungsthemen zu erwarten, auch bei Profilierungs- und unternehmenspolitischen Themen. Hier empfiehlt sich oft eine Kombination beider Stile. Bei einer Konfliktmoderation und vor allem, wenn Sie beobachten konnten, dass Ihr Team ins Drama Self gefallen ist, empfiehlt es sich, direkt in die Coach-Haltung zu wechseln. Dramen haben nämlich einen Hang zur Eskalation, die wir natürlich vermeiden sollten, wenn wir klug sind.

Das von Stephen Karpman 1968 entwickelte Drama-Dreieck beschreibt eindrucksvoll diese Eskalationsdynamik in unreifen Konflikten und warum sie sich nie von selbst beruhigen. Die Dynamik lässt sich sowohl auf innere als auch auf äußere Konflikte übertragen. Wir erinnern uns, dass wir im Drama-Modus von unserem Reptilienhirn angetrieben werden und bestimmten alten Stereotypen folgen. Karpman nennt diese Rollen in der Transaktionsanalyse *Täter, Opfer und Retter*. Wie können wir uns das nun übersetzt in den Führungsalltag vorstellen? Stellen wir uns eine Führungskraft vor, die in einem Meeting einen Mitarbeiter vor versammelter Mannschaft verbal angreift und herabsetzt. Karpman würde ihn als *Täter* im Drama verorten. Der herabgesetzte Mitarbeiter wurde hier zum *Opfer*. Nun ist der Mitarbeiter aber ein beliebter Kollege in seinem Team und so beschließen seine Kollegen, sich bei nächster Gelegenheit für diese Herabsetzung zu rächen. Sie wollen den Ruf des Kollegen *retten*. Sie verheimlichen dem Vorgesetzten bei einer Vorstandspräsentation wichtige Informationen, machen sich also selbst zum *Täter*, und der Vorgesetzte wird hier zum *Opfer*. Das lässt dieser sich aber nicht lange gefallen, und er wird bald Kündigungen aussprechen oder Rufmord an den Betroffenen begehen und damit deren interne Karriere verhindern und damit wird er wieder zum Täter – das Drama geht unendlich weiter.

Emotionen kann man nicht wegmanagen. Sie wollen gehört werden.

Wie können wir Teamdramen wirksam beenden? Hier treffen wir die alten Bekannten der Selbstregulation wieder:

1. Teilnehmende Selbstbeobachtung (Observer)
2. Einordnung
3. Zustand auflösen (separieren) und mentale Neuausrichtung

Nur dass wir diesen Prozess jetzt nicht für uns selbst durchlaufen, sondern anderen dabei helfen, sich mental neu und vor allem konstruktiv auszurichten. Dieser Prozess wird auch Coaching genannt! Um dies leisten zu können, brauchen wir selbst unbedingt eine stabile mentale Haltung. Immens wichtig ist also, unsere eigene mentale Regulation an die erste Stelle zu setzen! Wenn wir selbst noch vom Drama infiziert sind und in dieser Haltung auf das Team treffen, wird es schlimmer statt besser. Wir brauchen das Switchen in die coachende Führungshaltung, sonst können wir keine nützlichen Prozesse im Team anstoßen.

Die coachende Haltung hilft uns als Führungskraft also immer dann, wenn ein Thema zu mehr als zwei Dritteln emotional aufgeladen ist. Emotionen lassen sich nicht wegmanagen oder auf Dauer erfolgreich ignorieren, sie wollen sich ausdrücken, wollen wahrgenommen und ernst genommen werden. Mit einer coachenden Führungshaltung können wir einen angemessenen Raum für professionelle emotionale und inhaltliche Reflexion öffnen. Unsere wichtigsten Instrumente sind dabei *echtes Interesse an dem, was die Mitarbeitenden bewegt*, die Fähigkeit, genau *hinzuhören*, wertschätzend zu paraphrasieren oder zu konfrontieren, um dann *gemeinsam mit ihnen Lösungsräume* zu betreten.

Bei einigen meiner Firmenkunden hängt der wohlmeinende Observer im Besprechungsraum oder kann auch bei virtuellen Besprechungen eingeblendet werden. Der Observer wird zu Rate gezogen, wenn das Team eine wohlwollend kritische Selbstreflexion braucht und bereit ist, die eigenen Haltungen zu reflektieren: »In welcher Haltung sprechen wir gerade über den Change? Haben wir einen Overpace? Was ist, wenn wir fair und mit gestandenem Blick auf das gewünschte Timing des Projekts schauen?« Aufgrund dieser Reflexionen lösen sich zwar nicht alle Probleme von selbst, aber doch einige, wenn jeder aufgerufen wird, auch einmal vor der eigenen mentalen Haustür zu kehren, und der Observer uns daran erinnert, uns wohlwollend in den Blick zu nehmen.

Um unserer eigenen Energie willen sollten wir also schwelende Teamkonflikte, die fast immer ein Drama-Potenzial beinhalten, proaktiv angehen, anstatt darauf zu warten, dass sich die Dinge von selbst beruhigen, denn das werden sie nicht. Schaffen Sie mit Ihren Teammitgliedern einen Raum der menschlichen Verbindung, in dem Spannungen offen und ehrlich angesprochen werden können, Selbstreflexion angestoßen wird und alle ihr inneres System wieder neu ausrichten können. Vielleicht wollen Sie ja – wenn Sie es nicht schon längst tun – den sportlich-dynamischen, coachenden Führungsstil in Ihr Repertoire aufnehmen?

Im guten Dialog mit sich selbst

In diesem wie in allen anderen Kapiteln steckt die einfache Botschaft: *Ohne den guten Kontakt mit uns selbst sind wir in den Stürmen der Krisenzeiten leicht umzuwehen.* Gerade unsere Fähigkeit, zu denken und vor allem uns selbst zu reflektieren, ist eine große Ressource. Denken heißt nichts anderes, als ein Gespräch mit uns selbst zu führen. Ich erlebe es bei mir und meinen Klienten so, dass es zum Glück gar nicht nur um die Reflexion unserer Gedanken, sondern auch unserer Gefühle und Bedürfnisse geht. Denn möglichst viele Aspekte unseres Lebens in das Licht der Bewusstheit zu rücken, erhöht die Wahrscheinlichkeit, ein erfülltes und gesundes Leben zu leben. Carl Gustav Jung soll gesagt haben: »Wer das Unbewusste nicht bewusst macht, nennt das Leben Schicksal.« Auch ich erlebe, dass es von unschätzbarem Wert für einen Menschen ist, wenn er sich seiner selbst, seiner Motive, Bedürfnisse und Grenzen möglichst oft bewusst wird, um sie dann im Leben spürbar umzusetzen. Gerade chronischer Stress schränkt unsere Perspektive auf uns selbst und das Leben massiv ein. Im Drama Self sind wir abgeschnitten von uns – umso wichtiger also, dass wir hier immer und immer wieder gegensteuern und aktiv den guten Dialog mit uns selbst suchen.

Eine wunderbare Unterstützung für den wohlwollenden Dialog mit uns selbst ist die kraftvolle Unterscheidung zwischen den eigenen *Bedürfnissen (Was brauche ich? Was wünsche ich mir?)* und den *Strategien (Wie ist die Umsetzung? Was tue ich?)*. Oft können wir nämlich in einen inneren Konflikt geraten, wenn wir diese Ebene verwechseln. Ein einfaches Beispiel: Mein Bedürfnis ist Abschalten / Entspannung. Nun habe ich mehrere Strategien zur Auswahl. Ich könnte Yoga machen, meine Lieblingsserie schauen, essen gehen oder mich mit einem

Freund treffen. Andere Strategien können sein: mein Haustier streicheln, meinem Kind eine Gutenachtgeschichte vorlesen, musizieren oder handwerklich tätig werden. Wir sehen, Strategien gibt es so viele, wie die Palette des Lebens es zulässt.

Unter Stress, wenn sich also unsere Wahrnehmung verengt, sehen wir meist nur eine Strategie: Entspannen = Tür zu, TV an. Und das kann auf Dauer meine Regenerationspalette sehr eng werden lassen. Es empfiehlt sich also, die Bedürfnisse, die wir im selbstwirksamen Modus wahrnehmen können, zu reflektieren, um uns dann eine unterschiedliche Palette an Möglichkeiten zuzulegen, die eigenen Bedürfnisse zu erfüllen.

Gönnen Sie sich, Ihre Strategien zu beleuchten, wie Sie diese Faktoren in Ihrem Leben lebendig werden lassen.

Schreiben Sie auf die linke Seite einer Tabelle (vgl. Tab. 8) das jeweilige Bedürfnis und in die rechte Seite schreiben Sie Ihre bereits genutzten, aber eben auch möglichen attraktiven Optionen. Wenn Sie im guten Dialog mit sich selbst bleiben, setzen Sie immer wieder davon etwas um – kein Stress dabei, immer mal wieder das eigene Repertoire erweitern, das ist das Wichtigste!

Tab. 8: Um *ein* Bedürfnis zu befriedigen, lassen sich *unterschiedliche* Strategien finden

Bedürfnis	**Strategieoptionen**
Entspannung	Lieblingsrestaurant mit Freunden
	Tanzen zu meiner Lieblingsmusik
	Lieblingsserie im TV
	Kochen für meine Liebsten
	...

Übrigens ist nicht nur Entspannung ein Bedürfnis, auch das Bedürfnis nach Erfolg oder das Bedürfnis nach Sicherheit, Wachstum, Bedeutung fällt darunter. Es gibt sehr viele Theorien zu Bedürfnissen und Grundbedürfnissen. Prof. Carol Ryff, die sich seit vielen Jahren mit dem Thema des ganzheitlichen Wohlbefindens als Forscherin beschäftigt, hat sechs Grundbedürfnisse herausgefunden, die erfüllt sein sollten, damit es uns gut geht. Lassen Sie sich inspirieren, inwieweit diese Faktoren in Ihrem Leben aktuell bespielt sind:

1. Selbstakzeptanz
2. Autonomie
3. Sinn im Leben
4. Stärkende Beziehungen
5. Beherrschung der Umwelt = Wirksamkeit
6. Persönliches Wachstum

Ich kann Ihnen sehr ans Herz legen, sich Gedanken zu machen, mit welchen Strategien Ihre Grundbedürfnisse in Ihrem Leben Platz finden.

Fragen zur Selbstreflexion

- Wie lebe ich meine Selbstakzeptanz konkret? (»Like most parts of myself«)
- Wie gebe ich meiner Autonomie Ausdruck im Führungsalltag oder in meinem persönlichen Leben?
- In und durch was kann ich in meinem Führungsalltag und Leben einen sinnvollen Beitrag leisten?
- Wie können stärkende Beziehungen mehr Raum in meinem Leben erhalten? Was ist mein Beitrag?
- In was und durch was erlebe ich mich wirksam? Wie kann ich meine Stärken, Talente und Potenziale in der Welt realisieren?

Ich hoffe, Sie konnten einige Impulse für die Fähigkeit mitnehmen, mit sich selbst und anderen in gutem Kontakt zu sein, denn diese Fähigkeit hat einen großen Einfluss auf unser Wohlbefinden und unsere Energie.

Wenn wir über längere Zeit im Drama-Modus sind, verlieren wir den Kontakt zu uns selbst und damit auch den Draht zu anderen. Natürlich wäre es attraktiv, niemals den Kontakt zu uns selbst zu verlieren. Ich halte es jedoch in unserer vor Reizen überquellenden Zeit, in der wir in unserer Arbeit nach einer Studie alle 4 Minuten unterbrochen werden,[56] für nicht realisierbar, nie in den Dis-Connect fallen. Wichtig ist also *unsere Fähigkeit zur Selbstregulation:* zu merken, wenn wir uns innerlich verirrt oder abgeschaltet haben, und dann den Kontakt zu uns wiederaufzunehmen. Hier schließt sich der Kreis zur ersten Selfcare-Next-Level-Strategie. Wenn wir unsere Haltung zu uns selbst gut im Blick behalten, dann können wir schnell den Gang zur Selbstwirksamkeit einlegen. Und dann sehen wir wieder verschiedene Wege und sind frei.

ESSENZ FÜR EILIGE

Die Art, wie Menschen Meetings und ihre Kommunikation im Alltag gestalten, kann Kraft rauben oder Kraft geben. Wenn ein Mensch nicht als Mensch, sondern in einer Rolle auftritt, verbraucht das viel Energie.

Es ist für das eigene Energieniveau wichtig zu differenzieren, in welcher Kommunikationskultur gerade »gespielt« wird. Rollen-Sprache (konservierende Kommunikation) und Mensch-Sprache (regenerative Kommunikation) können unterschieden werden.

In der Phase des Wirtschaftens, in der es um Status-quo-Erhalt geht, hat sich eine *konservierende Kommunikation* etabliert. Sie folgt den Kriterien der reinen Rationalität und den Prinzipien des Hierarchieerhalts.

Als Mensch zu kommunizieren, ist nicht anstrengend. Im Gegenteil, es ist der natürliche Ausdruck des eigenen Selbst, eine Kreation, etwas Schöpferisches, bei dem Energie frei wird. Aufrichtigkeit, Verbundenheit, Gefühle, Selbstreflexion und Perspektivenwechsel spielen eine wichtige Rolle.

Regenerative Kommunikation nutzt bestimmte Elemente aus dem professionellen Coaching, ist aber nicht dasselbe wie Coaching.

Ein coachender Führungsstil kann nicht gefaket werden. Er verlangt die Connection mit und Reflexion von sich selbst.

Im guten, offenen Dialog mit sich selbst zu sein – das ist Ziel und Weg zugleich. Wer sich selbst wohlwollend begegnet, kann auch wohlwollend auf andere Menschen schauen.

Selfcare Next Level – eine lebenslange Reise

Wir sind am Ende des Buches angekommen. Ich kann nur wünschen, dass Sie Ihre ganz persönliche Stärke aus- oder aufbauen konnten. Denn eine Stärke, die ganzheitliche Substanz hat, hält uns stabil. Stark sind wir, wenn es uns gelingt, uns nicht unter fremdbestimmten oder ideologischen Druck setzen zu lassen und Selbstfürsorge als eine weitere Geißel des Funktionieren-Müssens zu akzeptieren. Lassen Sie uns unsere mutige Individuation vorantreiben und uns immer mehr dem Menschen annähern, der wir sein wollen: ein freier, einzigartiger Mensch mit großem intellektuellem, emotionalem und praktischem Potenzial. Ich wünsche uns allen, dass wir die vielen äußeren Krisen immer wieder zum Anlass nehmen, uns selbst in den Menschen umzuwandeln, der wir sein möchten.

Vielleicht konnte ich Sie davon überzeugen, dass es sich lohnt, seine Arbeits- und Lebenszeit als wertvoll zu erkennen und sich selbst zu hinterfragen: Welchen Beitrag möchte ich an welcher Stelle leisten? Wo kann ich meine Stärken und Werte am besten einbringen? Wofür möchte ich mich mit Herz und Verstand einsetzen, weil ich darin einen tiefen Sinn sehe?

Ich wünsche uns allen, dass wir uns möglichst selten von unseren selbst inszenierten Dramen im Kopf behindern lassen, sondern den Weg zurück zur Selbstwirksamkeit einschlagen. Wir sind dann kraftvoll, wenn wir uns selbst treu leben und arbeiten können und wenn wir lernen, unseren Fokus immer wieder zu weiten, wenn unser Blick durch zu starke Außenorientierung zu eng wird. Wir sind stark, wenn wir unser individuelles Wachstum durch Herzensprojekte vorantreiben und darin unsere Potenziale entfalten, und ebenso, wenn wir uns immer mehr von dem befreien, was andere für uns vorgesehen haben, und immer mehr als der Mensch unterwegs sind, der wir sind und sein wollen. Wenn wir in gutem Kontakt mit unseren Bedürfnissen bleiben, wenn wir die Bedürfnisse unseres Körpers, unserer Seele und unseres Geistes respektieren, bleiben wir stabil.

Das schaffen wir, wenn es uns gelingt, mit uns selbst in liebevollem Dialog und Kontakt zu bleiben, denn *Selfcare ist kein Ziel, sondern ein lebenslanger Weg.* Wenn wir unser Gespür für uns selbst immer wieder wachhalten und dementsprechend unseren Kurs bestimmen, dann haben wir eine gute Basis für ein nachhaltig gesundes und erfülltes Leben gelegt. Es ist wichtig, sich vor Augen zu halten, dass wir uns, solange wir leben, in einem ständigen Veränderungsprozess befinden. Wir entwickeln uns körperlich, geistig und damit auch persönlich weiter, ob wir wollen oder nicht. Aus diesem Grund werden wir die Strategien, die wir gefunden haben, immer wieder überprüfen müssen. Vielleicht haben bestimmte Strategien jahrelang gut funktioniert, wir haben unsere Sport- und Ernährungsrituale gefunden, oder wir haben eine berufliche Rolle mit Inbrunst ausgefüllt und eines Tages fühlt es sich nicht mehr stimmig an. Wenn wir uns als lebendige Wesen ernst nehmen, versteinern wir hier nicht, sondern machen wieder eine Häutungsphase durch, in der wir uns ernsthaft fragen, was sich ändern darf und soll. Und als anpassungsfähige und flexible Wesen richten wir uns dann wieder zu unserem Besten neu aus. Wie eine Sonnenblume, die sich immer wieder der Sonne zuwendet, bleiben wir uns treu, indem wir uns immer wieder neu ausrichten und erfinden. In einer Zeit äußerer Unberechenbarkeit und ständig wachsender Komplexität finden wir so in uns selbst einen stabilen Anker, der deshalb stabil ist, weil wir ihn immer bei uns tragen und ihn selbst ins Wasser lassen können, um uns zu festigen und ihn im richtigen Moment wieder hochzuziehen, um weiterzuziehen. Insofern hören wir niemals auf, Reisende in eigener Sache zu sein. Das Schöne ist nur, dass bewusstes Reisen viel mehr Freuden enthält, als passiv durch die Gegend geschaukelt zu werden. Wir Führungskräfte sind gerne aktiv, wendig und wirksam. Wenn wir dabei uns selbst immer wieder mit an Bord nehmen, sind wir also bestens aufgestellt für alles, was kommt.

Anhang

Glossar

Biotop: Ein bestimmter Lebensraum einer Lebensgemeinschaft. Im Kontext des Buches die menschenfreundliche und wachstumsfreundliche Gestaltung der Arbeitsumgebung. (Begriff: Friedrich Dahl)

Connected / Dis-Connected: Der Zustand, in dem ich im guten Kontakt zu mir selbst bin / Der Zustand, in dem ich mich von mir abgetrennt habe. (Begriff: INHESA Institut)

Coachender Führungsstil: Führungskommunikation, die auf die Aktivierung der Wirksamkeit aller Beteiligten setzt. Sie stellt viele Fragen, initiiert und moderiert lösungsorientierte Prozesse. Die eigene Fachexpertise rückt in den Hintergrund. Inspiriert ist dieser Stil durch den Teamleistungssport.

Drama-Self-Haltung: Ausdruck einer stressigen Haltung, in der ich mich selbst hysterisiere. Denken und Fühlen werden durch einen dramatisierenden Filter verzerrt. Ich strenge mich selbst sehr an, über- oder unterschätze meinen realen Einfluss. (Begriff: INHESA Institut)

Funktions-Modus: Durchhalten, Arbeiten ohne (m)ich. Ableisten ohne ein Gefühl für mich selbst oder die Sache. (Begriff: INHESA Institut)

Ideal Self: Die Ausarbeitung einer Vision der eigenen Identität anhand der eigenen Werte. Das Ideal Self kann Nordstern zur persönlichen Weiterentwicklung sein. (Begriff: Prof. Richard Boyatzis)

Impathie: Die Fähigkeit, an den eigenen Gefühlen teilzuhaben und sie zu verstehen, »Empathie mit sich selbst«. (Begriff: Dr. Stefanie Neubrand)

Individuation: (lateinisch individuare, »unteilbar/untrennbar machen«) beschreibt den Werdegang eines Individuums. Im Lauf des Individuationsprozesses eines Menschen vervollständigt sich das Individuum. Der Prozess beinhaltet die Entfaltung eigener Fähigkeiten, Anlagen und Möglichkeiten zu Anschauungen, Haltungen, Meinungen und Perspektiven. Ziel des Prozesses ist eine schrittweise Bewusstwerdung, um sich dadurch als etwas Eigenes und Einmaliges zu erkennen und zu verwirklichen (Ich-Werdung und Selbst-Werdung). (Begriff nach C. G. Jung) Er betrachtete den Individuationsprozess als einen lebenslangen, unvollendbaren Prozess mit einer stetigen Annäherung an ein »fernes Ziel«, das Selbst, für den der Tod die letzte Grenze ist.

Konservierende Kommunikation: Kommunikationsstil zum Erhalt und Ausbau bestehender Machtverhältnisse auf der Basis von Angst vor Statusverlust. Daher beherrschen Misstrauen und Druck die Atmosphäre. Beziehungen werden strategisch genutzt. (Begriff: INHESA)

Mentale Hygiene: Das menschliche Mindset hat wie eine menschliche Frisur die Neigung in Unordnung zu geraten. Die Erfinder des Mental-Coachings John Whitmore und Timothy Gallwey nannten das Phänomen der Unordnung: »Innerer Lärm«. In diesem Buch wird das mit »Drama-Self-Modus« beschrieben. Mentale Hygiene bedeutet, diesen Zustand mentaler Unordnung bei sich selbst zu erkennen und sich über den Zwischenschritt der Separierung in einen anderen Modus (Real-Self-Modus) zu befördern. In dem Buch nennen wir diesen Vorgang mentale Hygiene. (Begriffsinterpretation: INHESA)

Observer-Modus: Die Fähigkeit, zu uns selbst auf wohlwollenden Abstand zu gehen, um uns selbst zu beobachten. (Selbstregulationsmodell INHESA)

Pacing, Underpacing, Overpacing: Sich selbst angemessenes Energiemanagement, zu wenig Energie zur Verfügung stellend, zu viel

Energie zur Verfügung stellend. (Begriff des Pacing von Ellen Goudsmit, die Begriffe Under- und Overpacing von INHESA)

Projektindividuation: In der Verwirklichung von Projekten jedweder Art kann persönliche Entwicklung realisiert werden. »Ich verwirkliche mich in Projekten, Projekte verwirklichen mich.« (Begriff: INHESA Institut)

Regenerative Kommunikation: Dialogische Kommunikation auf der Basis von gegenseitiger Wertschätzung, Vertrauen, echtem Interesse und Co-Kreativität. Regenerative Kommunikation setzt Selbstwirksamkeit aller Beteiligten voraus. (Begriff: INHESA Institut)

Real-Self-Haltung: Eine Haltung, in der ich im stabilen Kontakt zu mir selbst stehe. Ich nehme mich wahr in meinen Gedanken, Gefühlen und Bedürfnissen. (Selbstregulationsmodell, INHESA Institut)

Selbstregulation: Selbstregulation ist in der Psychologie ein Sammelbegriff für Fähigkeiten, mit denen Menschen ihre Aufmerksamkeit, Emotionen, Impulse und Handlungen steuern. Gemeinsamer Nenner der Modelle von Selbstregulation und Impulskontrolle in der Psychologie ist, dass Menschen in der Lage sind, eigenes Verhalten im Hinblick auf selbst gesetzte Ziele zu steuern. Hier im Buch: Die Fähigkeit, von einem Drama-Self-Modus in den Real-Self-Modus zu wechseln.

Selbstwirksamkeit: Die Selbstwirksamkeitserwartung (self-efficacy belief, perceived self-efficacy) bezeichnet die Überzeugung, durch eigene Fähigkeiten solche Handlungen ausführen zu können, die zu den gewünschten Zielen führen. Empirische Untersuchungen zeigen, dass Menschen mit einem starken Glauben an die eigene Kompetenz und Effizienz eine größere Ausdauer bei Leistungsaufgaben, eine niedrigere Anfälligkeit für Angststörungen und Depressionen und insgesamt mehr Erfolge im Berufsleben aufweisen. (Begriff: Albert Bandura)

Selbsttreue: Der energetisierende Zustand zwischen dem, der ich aktuell bin, und dem, der ich sein will. Die Übereinstimmung meines inneren und äußeren Lebens. Meine Werte, Überzeugungen, Ziele finden immer wieder Einzug in meine Realität. Eine Vision meiner selbst (Ideal Self) dient zusätzlich als Nordstern meines persönlichen Wachstums. (Begriffsinterpretation: INHESA Institut)

Selfcare: Selbstfürsorge als Basis für die eigene Gesunderhaltung.

Selfcare Next Level: Kunst der wohlwollenden Selbstbehauptung in einer fordernden Umbruchzeit. Es gibt kein gesundes Leben im Falschen. (INHESA)

Sensorship: Die Fähigkeit, Signale von innen und außen wahrzunehmen, zu filtern, zu regulieren und auf dieser Basis zu handeln. Ganzheitliche Wahrnehmung von sich selbst in der Welt. Sensibilität von Reiz-Reaktionen. Antennen nach innen und außen. Selbstwirksames Reagieren auf Reize. (Begriff: INHESA Institut)

Superhelden-Haltung (Superhero): Unterart des Drama Self, übergriffig in Taten und Worten. Stellt sich über andere. Overpacing. Aktionistischer Superheld greift vom Beifahrersitz dem Fahrer ins Lenkrad. Der idealistische Superheld stülpt anderen seine Ideale und Werte über. (Selbstregulationsmodell INHESA)

Victim-Haltung: Spielart des Drama Self, Underpacing, unterschätzt seine Möglichkeiten, Einfluss zu nehmen, fühlt sich daher ausgeliefert. Selbstaufopferung. (Selbstregulationsmodell INHESA)

Ein großes Danke

In meiner Vorstellung vom Buchschreiben lauerte ein romantisches Klischee: Ich sah mich als Autorin, freiwillig zurückgezogen, in sich gekehrt, wochen- und monatelang in einem Zimmer, intensiv nachdenkend, Quellen studierend, um dann in ewiger, ungestörter Schreibfreude zu versinken. Doch wie so viele Klischees hielt auch dieses der Überprüfung durch die Realität nicht stand. Neben dem Schreiben ging mein Leben weiter. Unsere Institutsarbeit in Berlin und Zürich ging weiter mit vielen kleinen und großen Tätigkeiten und Herausforderungen. Einkaufen, Wäsche waschen und andere Hausarbeiten erledigten sich seltsamerweise auch in dieser Phase nicht von selbst, obwohl ich auch hier viel tatkräftige Unterstützung erfuhr, für die ich unendlich dankbar bin. Aufmerksamkeit wollten auch unsere Hunde, die mir aber gleichzeitig durch ihr entspanntes Schnarchen unter meinem Schreibtisch in Momenten der Unsicherheit Zuversicht gaben. So war das Schreiben meines ersten Buches viel lebendiger und bunter, als ich es mir je hätte vorstellen können. Ich habe es trotzdem oder gerade deshalb sehr genossen und konnte gleichzeitig immer wieder an mir selbst überprüfen, ob meine Selfcare-Next-Level-Strategien funktionierten: Sie taten es!

Gerade unter diesen Umständen brauchte es eine Reihe von engagierten und einfühlsamen Unterstützerinnen und Unterstützern! Dr. med. Frauke Bataille, meine Mitinhaberin des Instituts INHESA, ist hier an erster Stelle zu nennen. Ohne sie gäbe es weder unser Institut noch unseren Healthcoaching-Ansatz noch dieses Buch. Frauke, tausend Dank und mehr!

Auch einigen anderen Menschen kann ich nicht genug danken: meiner Kollegin bei INHESA Zürich, Katharina Isele, die nicht müde wurde, mich zu diesem Buch zu ermutigen, meine Manuskripte zu lesen und zu kommentieren. Ute Flockenhaus, die mich von der Verlagssuche bis zur Manuskriptabgabe professionell und zuverlässig begleitete, war mir eine unschätzbare Hilfe. Ich erlebte mit ihr eine wunderbare professionelle Zusammenarbeit, wie ich sie mir als Erstautorin nicht besser hätte wünschen können.

Meine langjährige Freundin Gabriele hat mir alles gegeben, was man sich von einer Wegbegleiterin im besten Sinne erträumen kann: Ein unerschütterliches Vertrauen und ein stets offenes Ohr in allen Phasen des Schreibprozesses. Meine verlässliche Schwester Ute hat mich zum Glück monatelang regelmäßig daran erinnert, Sicherheitskopien zu machen.

Immer wieder mit aufmunternden Worten und Taten unterstützt haben mich auch meine lieben Coach-Kolleginnen Yuko Vogel und Katja Söhner-Bilo vom Projekt »Don't Call Me Sick« – dem Coaching-Programm für Führungskräfte nach gesundheitlichen Krisen. Mein langjähriger Freund und Kollege Jonathan Briefs hat mich ebenso mit seinem wertvollen Feedback bestens unterstützt. Ein Geschenk, mich so getragen zu fühlen von wohlgesonnenen Weggefährten. Ebenso danke ich Sabine Asgodom, die sich großzügig die Zeit nahm, zu meinem Exposee ihr persönliches Feedback zu geben, sowie Kathrin Koehler, von deren Buchschreiberfahrung ich profitieren durfte, als ich mit meinem Projekt ganz am Anfang stand.

Berührt haben mich auch die spontanen Zusagen vieler Menschen, die mir auf meine Frage: »Wie bleiben Sie bei Kräften?« ihre individuellen Strategien verraten haben. Ich erhielt so viele wunderbare Statements, dass diese sogar am Ende den Rahmen des Buches gesprengt haben und ich schweren Herzens eine Auswahl treffen musste. Aber ich danke allen für ihr Engagement und Vertrauen. Namentlich seien hier in alphabetischer Reihenfolge erwähnt: Swantje Allmers, Anne Braun, Tina Braun, Frank Dopheide, Anita Gödiker, Joachim Höhler, Alexander Horrolt, Nadine Jud, Dr. Yvonne Knoblauch, Stefan Krause, Prof. Dr. Günter Meyer, Martina Nitschke, Alexandra Scheifgen, Cornelia Schlatt, Madeleine Schmidt, Dr. Léa Steinacker, Bernd Sydow, Angelika Wöppel-Wagener, Anja Würzberg-Wollermann. Die Grafikerin Almut Riebe hat sich auf das Wagnis eingelassen, meine Gedanken im Buch in etliche Bilder zu übersetzen, und so sind wir in einen kreativen und regenerativen Dialog eingetreten, der nicht nur Freude bereitet hat, sondern auch viel Schönes hervorgebracht hat.

Und natürlich gilt mein besonderer Dank dem Campus Verlag, insbesondere Valesca Schober und ihrem Team, für das Vertrauen in mich und meine Expertise und den stets wertschätzenden und konstruktiven Umgang. So macht es Freude, ein Buch zu schreiben. Das ist für mich unendlich kostbar, denn mit diesem Buch erfülle ich mir einen lang gehegten Traum.

Und natürlich möchte ich mich bei all den Menschen bedanken, die mich im Lauf meiner Tätigkeit als Coach für Führungskräfte mit ihren Geschichten und Erfahrungen zu diesem Buch inspiriert haben und deren Namen allein ein Buch füllen würden. Sie alle erinnern mich daran: Wir alle sind Suchende und Findende nach einem guten und besseren Weg für unser Dasein. Und so ist jede Führungskraft im Alltag zwar allein unterwegs, aber eigentlich in bester Gesellschaft.

Quellen & Literatur

1 Mind your Health in the workplace. Mind Health Report. Axa 2024

2 Podcast: Humansarehappy. »Was ist Impathie? – mit Dr. Stefanie Neubrand«, 27.6.2023

3 Franke, Alexa: *Modelle von Gesundheit und Krankheit*. Hofgrefe 2020, S. 40

4 Meier Magistretti, Claudia (Hrsg.), Lindström, Bengt; Eriksson, Monica: *Salutogenese kennen und verstehen. Konzept, Stellenwert, Forschung und praktische Anwendung*. Hogrefe 2019, S. 30

5 Meckel, Miriam: *Brief an mein Leben. Erfahrungen mit einem Burnout*, Rowohlt 2010, S. 166

6 Dopheide, Frank: *Gott ist ein Kreativer – kein Controller. Über das Leben außerhalb der Effizienzfalle oder warum wir mit unserem Lebenspartner kein Jahresgespräch führen sollten*. Econ 2021, S. 53

7 Podcast: Eclectic Engineering. Marie von Heyl. »Textbegehren«, 16.5.2020

8 Statista Consumer Market 2019. www.statista.com

9 Wiest, Brianna: *This is What Self-Care Really means, Because It's Not All Salt Bath And Chocolate Cake*. www.thoughtcatalog.com (Aufgerufen: 21.3.2024)

10 *Krank durch Meditation? Die unbekannten Gefahren der Achtsamkeit*. ARD Mediathek, 19.3.2024

11 Rosa, Hartmut: *Resonanz. Eine Soziologie der Weltbeziehung*. Suhrkamp 2019

12 Podcast: Coaching for Performance: Growing Human Potential and Purpose. »The Principles and Practice of Coaching and Leadership by John Whitmore«, 22.4.2021

13 Feldmann Barrett, Lisa: *Wie Gefühle entstehen. Eine neue Sicht auf unsere Emotionen*. Rowohlt 2023

14 Bock, Petra: *Mindfuck Job: So beenden Sie Selbstblockaden und entfalten Ihr volles berufliches Potenzial*. Knaur 2015

15 www.mecfs.de/was-ist-me-cfs/pacing/ (Aufgerufen: 23.3.2024)

16 Podcast: Wegen guter Führung – der ehrliche Führungspodcast. Antonia Götsch mit Constanze Buchheimer. »Keine Angst vor Macht und Mächtigen«, 16.4.2024

17 Koehler, Kathrin: *New Networking. Der smarte Weg zur digitalen Sichtbarkeit und souveränem Netzwerken*. Vahlen 2023, S. 46

18 Tschacher, Wolfgang; Storch, Maja; Hüther, Gerald; Cantieni, Benita: *Embodiment. Die Wechselwirkung von Körper und Psyche verstehen und nutzen.* Hogrefe 2022
19 Coccia, Emanuele: *Die Wurzeln der Welt. Eine Philosophie der Pflanzen. München.* dtv 2020, S. 93
20 Zacher, Hannes: *Micro breaks matter.* www.sciencedirect.com
21 Rotter, Julian B.; Hochreich, Dorothy J.: *Persönlichkeit. Theorien Messung Forschung.* Springer 1979, S. 97–99
22 Frankl, Viktor Emil: *Ärztliche Seelsorge. Grundlagen der Logotherapie und Existenzanalyse.* dtv 2007
23 Jiménez, Jacinta: *The Burnout Fix. Overcome overwhelm, beat busy, and sustain success in the new world of work.* New York 2021, S. 20
24 Boyatzis, Richard, Smith Melvin, Van Oosten: *Helping people change. Coaching with Compassion for Lifelong Learning and Growth.* Harvard Business Review Press 2019
25 Rogelberg, Steven G.: *Glad We Met. The Art and Science of 1:1 Meetings.* Oxford University Press 2024
26 Clear, James: *Die 1 %-Methode. Minimale Veränderung, maximale Wirkung.* Penguin 2020
27 Prieß, Mirriam: *Burnout kommt nur von Stress. Warum wir wirklich ausbrennen – und wie wir zu uns selbst zurückfinden.* Südwest 2018, S. 165
28 Brown, Brené: *Dare to lead – Führung wagen: Mutig arbeiten. Überzeugend kommunizieren. Mit ganzem Herzen dabei sein.* Redline 2018
29 Schragmann, Hannah: *Produktivität neu denken. Vom Trennungs- zum Vermittlungsbegriff.* Springer 2024
30 Subotić, Neven; Hartwig, Sonja: *Alles geben. Warum der Weg zu einer gerechteren Welt bei uns selbst anfängt.* Kiepenheuer & Witsch 2022
31 Little, R. Brian: *Who are you, really? The surprising puzzle of personality.* Ted-Books 2017, S. 40 ff.
32 Podcast: Re: Thinking with Adam Grant. »The Science of personality and the art of well-being with Brian Little«, 11.7.2023
33 Wahl, Daniel Christian: *Regenerative Kulturen gestalten.* Phänomen-Verlag 2022, S. 143
34 Harry Gatterer (Hg.): *Wirtschaft nach Corona. The next generation of Business.* Mediaprint 2020
35 Podcast: Gabor Steingart präsentiert das Pioneer Briefing. »Was haben Sie mit der Bayer AG vor, Bill Anderson?«, 23.1.2024
36 Grant, Adam: *Nonkonformisten: Warum Originalität die Welt bewegt.* Droemer 2016
37 White, David: *The House of Belonging.* Many Rivers Press 1997
38 Göpel, Maja: *Unsere Welt neu denken. Eine Einladung.* Ullstein 2020, S. 95
39 Sanford, Carol: *No more Feedback. Cultivate Consciousness at work.* Interoktave 2019

40 Podcast: Sternstunde Philosophie. »SRF: Raus aus der Produktivitätsfalle! Oder: Leistung neu denken«, 13.4.2024
41 Ruch, F. M.; Zimbardo, Philip: *Lehrbuch der Psychologie: Eine Einführung für Studenten der Psychologie, Medizin und Pädagogik*. Springer 1974, S. 366
42 Sher, Barbara: YouTube TEDx Talks: *Isolation is the dream-killer, not your attitude*, Januar 2016
43 Nerd Republic: *Two Loops! Ein Model zur Transformation*. www.linkedin.com/pulse/two-loops-ein-model-zur-transformation-nerdrepublic-asige/
44 Barrett, Swaan; Drath, Karsten: *Das Two-Loops-Modell der Transformation*. Bögen des Wandels managerSeminare 288, März 2022
45 Dr. med. Fleck, Anne: *ENERGY. Der gesunde Weg aus dem Müdigkeitslabyrinth*. dtv 2021, S. 33 ff.
46 Allmers, Swantje; Trautmann, Michael; Magnussen, Christoph: *On the Way to New Work. Wenn Arbeit zu etwas wird, was Menschen stärkt*. Vahlen 2022
47 Laloux, Frédéric: *Reinventing Organizations. Ein Leitfaden zur Gestaltung sinnstiftender Formen der Zusammenarbeit*. Vahlen 2015
48 Oldenburg, Elly: *Workshift Warum wir heute anders arbeiten müssen, um unser Morgen zu retten. Ein Neustart für Mensch und Wirtschaft*. Campus 2024
49 www.innerdevelopmentgoals.org
50 Inner Development Goals – Inner Growth for Outer Change. https://innerdevelopmentgoals.org/framework/
51 www.bcorporation.net (Aufgerufen: 2.4.2024)
52 Meckel, Miriam; Steinacker, Léa: *Alles überall auf einmal. Wie Künstliche Intelligenz unsere Welt verändert und was wir dabei gewinnen können*. Rowohlt 2024
53 Fab Wang; Yu Gao et al.: *A systematic review and meta-analysis of ninety cohort studies of social isolation, loneliness und mortality, nature human behaviour*, Volume 7, S. 1307–1319
54 Rogelberg, Steven G.: *Glad We Met. The Art and Science of 1:1 Meetings*. Oxford University Press 2024
55 Edmondson, Amy C.: *Die angstfreie Organisation. Wie Sie psychologische Sicherheit am Arbeitsplatz für mehr Entwicklung, Lernen und Innovation schaffen*. Vahlen 2020
56 Starker, V.; Roos, K.; Bracht, E. M.; Graudenz, D.: *Kosten von Arbeitsunterbrechungen für deutsche Unternehmen. Auswirkungen von Fragmentierung auf Produktivität und Stressentwicklung*. Studie Next Work Innovation 2022